本书获得山水文化公益基金资助

君品文化（第三辑）

王临川

著

酒别重逢

习酒收藏之文化视角

中央民族大学出版社
China Minzu University Press

图书在版编目（CIP）数据

酒别重逢：习酒收藏之文化视角 / 王临川著 . —北京：中央民族大学出版社，2024.4

ISBN 978-7-5660-2227-1

Ⅰ.①酒… Ⅱ.①王… Ⅲ.①酱香型白酒—酒文化—贵州 Ⅳ.① TS971.22

中国国家版本馆 CIP 数据核字（2023）第 101999 号

酒别重逢：习酒收藏之文化视角

著　　者	王临川
责任编辑	舒　松
封面设计	舒刚卫
出版发行	中央民族大学出版社
	北京市海淀区中关村南大街 27 号　　邮编：100081
	电话：（010）68472815（发行部）　　传真：（010）68933757（发行部）
	（010）68932218（总编室）　　　　　　（010）68932447（办公室）
经 销 者	全国各地新华书店
印 刷 厂	北京鑫宇图源印刷科技有限公司
开　　本	787×1092　1/32　印张：10.5
字　　数	200 千字
版　　次	2024 年 4 月第 1 版　2024 年 4 月第 1 次印刷
书　　号	ISBN 978-7-5660-2227-1
定　　价	80.00 元

酿造生活之美

The oriental XIJIU is glorious.

The virtue of the XIJIU man is good as the salt and the Chinese jade.

序　言

　　逝去的时间，存在于物，通过"物"的收藏，时间的价值能够得到新的感知和判断。通过收藏之"物"，人可以走进别人的时间，也可以审视起自己的时间，重新检视生命的意义。

　　从某种意义上说，收藏之"物"，就是时间。收藏，可以是一桩关于时间的买卖，一门关于时间的学问。然而，时间都一样，时间又都不一样，你的是你的，我的是我的，收藏之"物"，本身可以不管是你的，还是我的，自行随着时间，起着变化。

　　收藏，也许还是一种留住时间的方式，"逃避，只有在时间中才最为彻底，也只有在自己的童年中，才最为深沉。所有的古物都是美的，因为它们逃过时间之劫，因此成为前世的记号。"① 收藏可令人看见别人的时间，还能看见自己的去年、今年和明年之外的时间，这会弥补遗憾——收藏，又或是一场关于时间的救赎。

话又另说，藏品（特别是具有艺术美感的藏品）是名副其实的成人玩具，一件精致的藏品，会带给人无限的欢欣和愉悦，让人保持潜能，在每天的生活中收获一种诗意与美的感觉。企业产品若要转变成精致藏品，需要时间的累积，这可以是一代又一代人的时间，也可以是一个时代大多数人的时间。当然，我们谦虚一点好，希望长久百年，有越来越多的人关注和参与其中才好。

法国思想家托克维尔② 说："当过去不再照亮未来，人心将在黑暗中徘徊。"收藏，还是对过去历史的一种认可，是对未来的信心。

---

① 让·鲍德里亚.物体系[M].林志明，译.上海：上海人民出版社，2019.

② 阿历克西·德·托克维尔（Alexis-Charles-Henri Clérel de Tocqueville，1805—1859），法国历史学家、政治家，社会学（政治社会学）的奠基人。

目　录

第一章

导论

第一节　时间

人类历史，是一部争取时间的历史。

即使作为人类的总体时间，亦为稀缺，作为生命个体的时间，稀缺尤甚。人，自身无法预知所生，但能思考其死，并经历死，这是一件悲观而无奈的事。

人在有限的时间内，总想多做点什么事，让生命得到延续，或更加美好。为有限的时间而奋斗，也是人类的发展史。事实如此：人类适应自然时间的历史，其利用、争取、掌握时间的过程，可以清晰地反映出人类的文明进程。在社会发展水平比较低的时候，人们关于时间的观念比较简单，对于时间的度量和利用，基本上是自然适应的状态。在农业社会当中，大家按照季节的变化来从事生产活动，春种秋收，夏耘冬藏；庆典娱乐活动、社交活动，大多是安排在非农忙时间；每天日出而作、日落而息。随着社会发展，形成城市环境后，随着工业、商业的进步，人们对于时间的划分，便精细起来，特别是在钟表机械技术发明之后，还出现了分和秒的计时。人们确定出共同遵守的精确时间，以使大家能够相互配合，这样的时间设计，是实际生活的需要。城市生活，使人们创造出了一个不完全依赖于原来自然环境的人为时间。随着科学技术的不断发展，人们从最开始用声音呼喊、用手势比划，到远距离烽烟信号，到电报电话，再到现在的互联网通信，以及最近提到的元宇宙①，都极大地改变了人们的时空观念，也深刻改变了人们的时空生活。

人们控制时间、驾驭时间看起来越来越熟练，但是实际生活中，人们在时间面前，变得更加困惑、更加无奈。我们可以看到这样的场景：手工业和农业开始分工，城市和乡村开始出现不同。从时间的角度去理解这个事情，可以看成是有一大部分人脱离食品的生产，可以把更多的时间用于工

① 元宇宙是在扩展现实（XR）、区块链、云计算、数字孪生等新技术下的概念具象化。1992年，美国著名科幻大师尼尔·斯蒂芬森在其小说《雪崩》中这样描述元宇宙："戴上耳机和目镜，找到连接终端，就能够以虚拟分身的方式进入由计算机模拟、与真实世界平行的虚拟空间。"核心概念缺乏公认的定义是前沿科技领域的一个普遍现象。元宇宙虽然备受各方关注和期待，但同样没有一个公认的定义。回归概念本质，可以认为元宇宙是在传统网络空间基础上，伴随多种数字技术成熟度的提升，构建形成的既映射于、又独立于现实世界的虚拟世界。同时，元宇宙并非一个简单的虚拟空间，而是把网络、硬件终端和用户囊括进一个永续的、广覆盖的虚拟现实系统之中，系统中既有现实世界的数字化复制物，也有虚拟世界的创造物。资料来源：左鹏飞.最近大火的元宇宙到底是什么？[N].科技日报，2021-9-13.

业、商业以及其他的活动。因为生产力的发展，人类用于生产以及生存所需要的生活用品的时间越来越少，可用于从事其他活动的时间则越来越多。原来晚上睡觉，作为休息的时间，也可以成为工作的时间，或者是用来娱乐。从整体上看，人类活动内容超过了获取生产资料和生活必需物资的局限，因此人类可以做其他更多有意思的活动；换句话说，人类节约了时间，或者是为从事其他感兴趣的事情提供了时间；于是，在思想文化艺术等领域出现了更多的人类创造，也出现了更大的成就，人类的文化似乎得以辉煌。可是，从事生活、生产所需要的时间的减少过程，并不意味着人们劳动强度的降低，并不意味着大家生活得更舒适，正好相反，人们觉得时间越来越紧张，社会的节奏也越来越快，工作的强度也越来越大。在我们感受到时间不够的时候，还有让人更加悲观的事情，那就是随着我们年龄的衰老，时间还会加速流逝。一方面，时间已经整体不够（对于要实现的人生美好目标而言）；另一方面，时间在飞速向前，随着年龄增长而加快——年轻时候，可以相当的精确的猜出过去的时间大概是三分钟还是五分钟；但是过完60岁之后的人再估算，时间上往往会多算出百分之二三十。对于绝大多数人来说，"时日不多"，时间始终是一种极其稀缺的资源，大部分人无法在此重拾全面、自由的发展，因为，始终缺少充分时间的一个必须条件——时间是远远不够的！

时间是如此的重要，管理时间便会成为政治权力的一种重要象征；掌握社会时间，也就是近似于掌握了人。在古代中国，每一位新的国王登基，都要颁布新的年号，告诉臣民，要开始重新计算时间，朝廷颁发的历书，成为新君王的重要证物。虽然现在采用了公元纪年，中华人民共和国已经不再采用原来的旧例或者是旧的纪念方法，但是关于每年节假日具体时间安排，从什么时候开始放假，放多少天，仍然是由中央政府来进行规定，一方面是统一协调全社会的时间、节奏，另一方面也是通过这样的方式来维护自身的权威。对历法修改的权利，从来都是属于最高的统治者。不论是古罗马的凯撒，奥古斯汀，还是是到中世纪的教皇格列高利，凡是要对历法进行重大改革，都必须在最高权威的主持或者支持下，才能进行。如今的现行公历①，从天主教世界推广到其他的新教国家，背后都是政治力量、宗教力量、经济力量较量的结果。翻开近代史书，在历法上的革新，往往都是一个国家推行新的政策，其中特别突出的重大事件是法国大革命时期颁布的共和历法，并以此表示革命政府与宗教的决裂。

时间真的是如此重要，可是，时间真的存在吗？如果说时间存在，时间是怎样一种存在？如果说时间不存在，时间是怎样一种不存在？

---

① 现行公历即格里历，又译国瑞历、额我略历、格列高利历、格里高利历，称公元。是由意大利医生兼哲学家里利乌斯（Aloysius Lilius）改革儒略历制定的历法，由教皇格列高利十三世在1582年颁行。公历是阳历的一种，于1912年开始在中国正式采用，取代传统使用的中国历法农历（即时宪历），而中国传统历法是一种阴阳历，因而公历在中文中又称阳历、西历、新历。公元是"公历纪元"的简称，是国际通行的纪年体系。以传说中耶稣的生年为公历元年（相当于中国西汉平帝元年）。公元常以A.D.（拉丁文 Anno Domini 的缩写，意为"主的生年"）表示；公元前则以 B.C.（英文 Before Christ 的缩写，意为"基督以前"）表示，通常写在公元年份之前，表示为公元元年之前。这种历法并非产生于西方，而是产生于6000多年前的古埃及。古埃及气候炎热，雨水稀少，但是农业生产却很发达。因为有尼罗河流域像一条绿色的缎带从南到北贯穿其间。古埃及人发现尼罗河每次泛滥之间大约相隔365天。同时，他们还发现，每年6月的某一天早晨，当尼罗河的潮头来到今天开罗附近时，天狼星与太阳同时从地平线升起。以此为根据，古埃及人便把一年定为365天，把天狼星与太阳同时从地平线升起的那一天，定为一年的起点。一年分为12个月，每月30天，年终加5天作为节日。古埃及的太阳历与地球围绕太阳公转一圈的时间（回归年）相比较，只相差四分之一天，这在当时已经是相当准确。

如果说时间存在，那么时间就应该是可以测量的。奥古斯丁在《忏悔录》中讨论时间问题，"要是没有人问我什么是时间，我就知道时间是什么；要是有人提出这个问题让我解释，我反而不知道了。"① 时间之谜好像就是生活之谜，每个人的生活，都是生活在他的时间之中，缺少了时间，也就没有生活。每个人都生活在自己的时间里，但是生活在同一时刻的每一个人，他们自己的时间观都不是一样的。每个人自己的过去、未来的现实的联系，都是不同的。一个人和另外一个人，他们之间的这种视角和联系的内容，以及这种视角和联系的范围都是真实存在的，是各不相同的。换一句话说，时间联系的每一个人，他是作为自由的独立的个人的一个本质。任意的两个人的思想欲望、报负、记忆各不相同，同一时间有不同的生活内容，每一个客体在其合理的范围内追求其自己的独特性，采取不同的行动，或者是完全新的行动，用独特的方式进行思考，或者有某种特殊的嗜好，这都是个人自由的本质，也是个体应有的正常状态，同时也是社会的本质，这也是每个人对生活追求的核心所在。时间既然如此不同，时间如何可以被共同表述？

表述是一个语言问题，为什么会把时间和语言这两个没有关系的问题联系在一起？这是因为我们所有人的经验或者

① 奥古斯丁.忏悔录[M].爱德华，译.上海：世界图书出版公司，2011.

是语言，要表达的人的思想经验，都是在时间当中完成的。换句话说，关于时间的理解被打乱，或者说被重新建构，都是通过我们的语言表述出来的。如果没有人提出时间问题，就不会去解释时间是什么，顶多感觉时间是自然而然存在的而已。语言表述时间是一个自我悖论，一方面，必须要把时间说出来，可是一旦时间被说出来，它已经就不是原来意义上的时间。所以，奥古斯丁说，什么是时间？要是没有人向他提出这个问题，他就知道时间是什么，要是有人提出这个问题让他解释，他就什么都说不出来。过去的现在 —— 只能是一种记忆；现在的现在 —— 是直接感受到的时间；将来的现在 —— 是对未来的一种期待。奥古斯丁认为，时间就是这样一种存在于心灵之间的状态。

亚里士多德在他的物理学中，则认为时间是一种运动着的某种东西。它不是对事物的期待或者记忆，它是用运动来衡量的。亚里士多德说每一种变化，就是某种东西的变化，换句话说，时间在一切事物当中都是相等的，变化可以快，也可以慢，时间并不包含速度，虽然说速度包含了时间。去掉人的因素，时间有它自己的维度。时间不是我们自己产生的，它是笼罩在我们周围、并支配着我们的力量，它滋生、并腐朽万物。时间不应为人的存在而存在，它是独立的每一个瞬间，每一个瞬间或者在场，都是有单独的一个时刻。或者可以这样说，每一个瞬间所确定的状态，就是时间的本质。瞬间没有"前"的结束，也没有"后"的开始，瞬间是一个连续的过程。

奥古斯丁说，上帝在创造世界之前，无所事事。上帝在创造世界的同时，也创造了时间；在他创造世界之前，是没有时间的，创造世界之前的时间是纯粹不可思议的。时间之前的时间、或者时间的背面，是让人无法思考的，老子也说时间有一个"奇点"，这叫做永恒，永恒是一种没有思考对象的思想，是一种不可思议的思想，是精神上的无所事事，但它是神圣的。

康德认为时间从来都不在场或者不会显现，时间只是在场或者显现的条件。康德有句名言 —— 我们不能感觉到时间本身。时间和空间，它自己是不能够被看见的，它只是我们对直观或者感觉的对象产生的条件。对康德来说，时间不仅标志着"连续性、同时性"，时间最重要的标志，是时间"持久性"。连续或同时，这两个关系之所以可能，是因为持久。康德说正是在持久性当中，时间关系才有可能。变化所涉及的不是时间本身，而是时间当中的现象，这个时间的持久性，就像眼眶一样，总是不变的。康德说时间的特征是主观的，但是时间仍然是自然的时间，只是说，这种主观性是由它客观性的范畴来说明，康德的时间，强调了心灵时间

和世界之间的关系，是一种时间存在和其表象问题。^①

什么是时间？时间之谜好似生活之谜。

时间，是我们生活无依无靠时唯一能依靠的东西，是在没有任何关系当中所建立起来的永久关系。自从文明思想开端后，它就一直折磨着诗人和哲学家。所谓生活，就是生活在时间之中，没有时间，也就没有生活。但是，每个人都生活在他自己的时间之中，没有两个生活在同一时刻的人，真正生活在相同的时间里。当然，正是这样的各不相同，这样的相互区别，赋予了生活极大的丰富性。如果能够认识到不同的时间尺度及其影响，可能就揭露了许多有关时间的秘密，时间自身就可以被理解。于是，产生了一个新的话题 —— 时间与物。

通常而言，时间需要通过物品或者是空间来具体表达，时间总是需要空间（物品是空间）来具象化，而时间采用的具体的形式（"时间轴"），以及这种形式的历史 —— 每次的"距离"和连接方式都不相同。^② 时间已经把人类生活的空间做了全方位的压缩，人类的时间观念，比起蒙昧时代的时间观念，已经完全不一样。生命对于人类本身，似乎是无

---

① 尚杰.时间概念的历史与被叙述的时间[J].浙江学刊, 2006（03）: 74-88.

② 丹尼尔·罗森堡, 安东尼·格拉夫顿.由时间轴拉开的人类文明史[M].台北: 麦田出版社, 2017.

动于衷的，好像在自然世界中，人类显得无足轻重，人终将离开这个世界。对于有生命的自然界而言，各种理论艺术的叙事形式，都不过是创造了一些在此之前的状态。因此，歌德另一句名言说："理论是灰色的，而生命之树常青。"当我们讨论一种事情是如何具有生命力的时候，某种意义上讲，都是一种死而复活的状态，这种"活"就是具有新的意义。被收藏的时间，并不是自然界自己的时间，而是"物"的生命，自己或他人的时间。收藏的物，是一种被收藏的时间。一切收藏，都是对某种事物的收藏，它是一个选择的过程，而这个选择本身就是排除，有些时间传承下来，而另外一些时间则被舍弃。总体，也会有一个原则：人类体验的幅度是被时间灌满的。

在不同的社会文化当中，时间的含义会有不同的概念，相应就会有不一样的结合和互动。关于时间的描述、时间的争执，出现在了物的身上，就可以看得到不是虚构的时间，这样的时间朝向人的精神成长，让人放松休息、焦虑缓和。收藏物的过程，有一点像时间上的"嵌入"，它让我们脱离现实的一种生活，让生活突然可能在时间上变得轻松自在。于是，收藏似乎是成为对生活本身的一种补偿。所有的收藏，既是针对某一件物品收藏，亦可是收藏这个行动，因为收藏可以创建更加丰富的时间境界。面对收藏的物品，人有时会处于一种"出神"而离开当前时间的状态，于此，收藏又可以比喻作"横穿时间"。

身旁空无一物的时候，我们很难唤醒从前，很难谈到具体的时间与场所。收藏者把赌注下在了对时间的体验上，通过收藏，重新发现完全不同的时间，以此区别以往的世界，一个主动，一个被动，一个无奈，一个有声。当我们走近收藏的某件物品的时候，事情好像就发生在眼前，没有一点点距离感。很多很多的从前，出现在"面前"，在这个时候，时间不是消失了，而是被超越，那些不能交流的时间，在距离上非常遥远的时间，以往不同场合的不同瞬间，顿时集中起来，可以让收藏者在幸福的时光里沉醉。重新发现时间，不需要放弃在同一个场合的从前感情，也不需要重新复活过去那些时光，而是一种重新发现。两个或多个不一样瞬间的偶然连接，会有一种被电击一般的震惊和说不出来的欣喜产生，人会突然感受到一种死而复生的快乐。

通过收藏，我们会重新发现时间，让时间走出了时间，便接近永恒。其实，每个人都可以像艺术家一样，在生命的每一个瞬间，享受着诗意生活，就是可以无限想象，无限感受，但是普通人并不能意识到这一点，因为找不到开启的方法。很难讨论人的时间是如何出生的，但是我们可以通过一件物品，看到它时间的开始。所谓出生，就是一个过去没有存在的世界，就像死，它是一个还不曾发生的将来。生生死死，不停顿，在轮流，在虚无之间，在分开和连接之间，在开始与结束之间，在出生与死亡之间。活着，或者是生命，就在这两端之间，在这其中之内，所有的意义，埋葬与复兴亦在其间，历史获得诠释，历史也就有了新的量度。历史竟然可以从身边的收藏获得，换句话说，历史的来源，就在我们身边每时每刻发生，收藏就是这样一种历史来源的制造，或是这种创造的见证。

第二节　商品生命

在文化的角度，如何看待商品？

商品是生产出来之后为了交换的物品，它具有使用价值和交换价值，但仅仅是这两个价值，并不足以解释商品复杂的社会文化，或者是它背后带来的社会意义。科普托夫认为："商品的生产，同时是一个文化和认知的过程：商品不仅是物质上被生产的物品，而且是带有文化印记的东西；商品化是一个生成的过程，而不是一个或是或非的存在状态。"①

人类学家主张用一种"过程"的视角来看待商品，将商品看作是物的社会生命史当中的一个阶段，而不是一类特殊的物品。商品的物质方面承载着由交换所衍生的各种社会属

---

① 伊戈尔·科普托夫（Igor Kopytoff）《物的文化传记》（The cultural Biography of things : Commoditization as process）

性：人情、名誉、地位、权力和财富资本，即为物的社会生命。在任何情况下，商品的流动，都是因为特定社会所规定的路径，以及竞争所激发的转变的过程，如果没有看到交换系统的存在，而使生产过程越来越远，只是看到一个产品的商品化流水线的生产过程，这将掩盖商品的真正的价值。文化的本质，在于区别不同物品的"文化内容"，而商品，是对物品的价值同化，因此某种意义上讲，文化是"抵抗"商品价值同化的，过度的商品化、流水线的生产，某种意义上讲，是反文化的。

社会学家涂尔干认为，如果社会必须区分出神圣领域和世俗领域，那么特殊化就是达到这种目的的一个手段。文化能够确保物品具有一种无可置疑的特殊性，甚至可以把已经商品化的物品，变成不是商品。完全商品化的社会和完全去商品化的社会，是两个极端，现实中没有一个社会处于这两个端点，而是摇摆于两者之间，每个社会都有自己特定的位置，这也意味着不同的社会中，商品和非商品有着不同的分类以及不同交换领域。

物品的生产和交换之间，是物品的生命历程，整个过程的所有环节，都体现着不同的社会价值，凝聚社会和历史变迁。在前工业时代非货币体系下，物品交换有非常经典的人

类学研究 —— 库拉① 交换体系。在这个体系当中，利润是以名气声望或者民意的形式出现的，库拉的交易展示了价值竞争中政治的作用，表现为在物品交换当中的算计和竞争。亦可以说，商品除了经济价值交换之外，还有更富感情性的交换，其间的界限往往模糊，即使是神经经济学家②，也很难把他们分开。这类交换的物品，有极具典型性的代表，如宗教当中的圣物，每一个宗教的圣物都必须经历文化的转变，它才能够从普通的遗物变成圣物。这个转变的过程，既有内部的标准，也有外部的标准。吉尔里分析了圣物流通的三种形式：礼物交换、盗窃和买卖。每一种形式下，有时候

① "库拉"是一种在太平洋特罗布里恩群岛原始土著居民中物品交换的贸易原则，"库拉"的基本方式是用臂镯交换项链（饰品），用项链交换臂镯，并且按照一定的规律在封闭的循环圈内沿着自己的方向流动。通过周期性的物品传递而结成库拉关系，把为数众多的部族结合在一起，这种伙伴关系是稳固而又长久的关系，"一旦在库拉中，就永远在库拉中"，每次的交易活动，都受到传统规则和习俗的制约，甚至还伴随着巫术礼仪进行。这种装饰品交易制度的确立，意味着相互责任和权利关系的形成，涵盖了高度的相互信任和商业荣誉，甚至成为土著人心中礼仪性的宝贵物品和地位、财富的象征。

② 神经经济学（Neuroeconomics）是一个新兴的跨学科领域，它运用神经科学技术来确定与经济决策相关的神经机制。这里的"经济"应该更广义地理解为（人类或其他动物）在评价选项（alternatives）所做出的任何决策过程。2002年诺贝尔经济学奖得主 Vernon Lomax Smith 在颁奖大会上做了主题为"经济学中的建构主义和生态理性"的报告，在报告中他提到，"新的大脑影像技术激发神经经济学研究去探索大脑的内在秩序及其与人类决策（包括固定赌博的选择，也包括由市场和其他制度规则所中介的选择）之间的关系"。此后，越来越多的研究者开始关注这一学科。

圣物被当作商品，但有时候，这些物品更像人。

　　人和物之间的界限是文化造成的，同时也是可相互渗透的。社会科学研究中有一个知识和道德上的难题，就是如何看待奴隶——把人作为商品化的极端典型。近年来，在市场上出现器官买卖等社会问题，也是如此。奴隶，并不是一个固定的、单一的身份。社会化的人和生产工具之间，可能循环往复，整个过程当中，经历商品化，再到去商品化的过程。同一奴隶，在不同的时间，他可能有不一样的身份——有时候是一个商品，有时候不是一个商品。奴隶身份的变化，可以做一些联系——商品本身也像人一样有着社会生命，它的传记可以用来记录它的生命历程。

　　虽然商品有需要进行交换的本质属性，但是商品化的趋势，总是会被另外一种趋势去平衡——社会总是会对商品交换进行限制、控制和规范，使得某些物品排除在商品之外，同时为一部分人所垄断，比如王室之物、国王的物品基本上都被限制流通的。这是价值创造过程当中政治的作用。特权者之间的竞争，往往就是争取放宽限制，扩大共享。因此，就商品来说，政治产生价值竞争，会重新塑造物品的社会生命。

齐美尔[①] 认为，交换是价值的源泉。不同的社会领域，具有不同的交换结构，也具有不同的交换领域。某个物品在某个交换结构当中所处的位置，往往是通过这个社会的文化来加以区分和分类，可能是通过间接或者直接"闯入"商品领域，然后又退出到特殊的、封闭的艺术领域而得到确认。不同的文化通过区别和分类，赋予世界不同的认知秩序，从而使得同样的物品在一些国家平淡无奇，而在另外的国家，却可能稀有高贵。艺术收藏品之所以无价，因为艺术品藏品已经被特殊化。在早期社会，黄金琥珀以及青铜物品的出现和使用，都是与社会的高层次的声望、名誉联系在一起的。这些物品出现，并不会马上用于生产技术领域，而是作为声望和地位的符号，成为特定的"文化之物"。华丽的衣服、珠宝亦是如此，这些物品形成一种集体的风格时，所有的这些人都想竭尽全力去接近它。如果不能拥有这些物品，可能

---

　　① 格奥尔格·齐美尔（Georg Simmel，1858 — 1918），德国社会学家、哲学家。出生于犹太家庭，父亲是位成功的商人。在他1900年出版的重要著作《货币哲学》中，齐美尔断言，货币对社会、政治和个体的冲击力将持续增长。货币经济的发展，不但彻底摧毁了封建制度，还催生了现代的民主制度。但是，进入现代社会之后，货币越来越强势。就连每个人的自我价值和自我设计，都由货币一手决定。齐美尔发现，货币成了上帝，因为它已经是指向绝对目标的绝对工具。在现代社会，银行比教堂更大、更有势力。银行是现代城市的中心。人的一切感官知觉都与货币有关。但人仍应保有自由权，在货币之外拓展视野——例如建立基于精神交往的社交圈子。借此，令货币的权势止于文化领域：艺术家不仅仅为钱，更应为自己的精神而创作。

会被理解为集体风格缺失，甚至可能解读为违背集体风格，并会受到排挤。

物，只有在流动之中，才是有生命的，才能真正实现其自然价值和社会价值。在人类社会中，物一旦作为符号在社会成员、群体、组织之间流动开来后，它们也就被赋予了相应的意义和价值，从而获得了社会生命，具有一种灵性。可以说，流动性，是物的社会生命和人的社会关系的动力源泉。其中，礼物的流动，是物最具社会生命的典型性表达（商品是礼物，礼物不一定是商品）。

流动过程中总是遵循着一定的社会规范和文化，即"交换"的规则。礼物的流动体现了人与人之间的社会关系，其流动的数量、方向及周期的长短受到既定的社会制度和文化的制约和影响，同时，又在流动的过程中不断塑造新的社会制度和文化。礼物的流动是一种结构化的制约与塑造的双向建构的关系。礼物在流动中为社会生活注入活力，使之不停留在某种固定状态，而不断地处于交换与消费之中，处于"给予、接受和回报"的轮回中。阎云翔[①] 认为，礼物的流动包括横向的关系流动与纵向的等级流动，与之相对应，

---

① 阎云翔，男，1954年生，美国加州大学洛杉矶分校中国研究中心主任、文化人类学教授。师从著名学者张光直，获哈佛大学博士学位。著有《礼物的流动》《私人生活的变革》（该书获得2005年度"列文森中国研究书籍奖"，这是该奖项首次颁给华裔学者）等。

物的社会生命也相应地存在于横向的人情伦理与纵向的等级秩序之中。礼物是社会交往的媒介和纽带，将人们的生活彼此相融，礼物的这种力量被莫斯① 称为"灵力"。灵力在社会生活中的作用，表现在通过赋予物以流动的活力，来促成"人与人之间横向关系的维持和再生"；也表现在通过物之灵与人之灵的贯通，来创造"社会中的等级"。因此，莫斯认为，"灵力"即为物的社会生命，它存在于横向的"关系的维持和再生"以及"创造社会中的等级"中。

礼物发挥着社会整合的功能，建立、巩固和拓展了人们的社会关系。一方面，它能传达人与人之间的情谊，满足个体的情感需要，这样的礼物所引发的社会行动就是价值性行动或情感性行动；另一方面，它能够帮助个体实现行动目的，个体为了实现目的而进行的礼物的流动，这样礼物所引发的社会行动就是工具性行动。在实践中，流动的礼物具有情境性，礼物的性质依情境而定；礼物的流动依据一定的为人处事的法则和礼物往来的馈赠规则而定。为什么送礼，送何种礼物，以及以何种方式送礼，都是约定俗成的。在社会流动中，礼物是个体在社会等级制的结构中巩固或提升他的

① 马塞尔·莫斯（Marcel Mauss，1872 — 1950），犹太人，法国人类学家。他是现代人类学理论的重要奠基者之一，有"20世纪法国民族学之父"之称。莫斯以其渊博的民族学知识和卓越的洞见能力，对人类学的交换、巫术、身体等研究领域做出了开创性的贡献。

社会位置的重要媒介和工具，个体通过礼物的流动赋予物以社会生命，并以此来改变礼物往来者之间的社会关系，增进他们的情感联系和利益网络，从而促进个体的社会流动。

莫斯在《礼物》中所呈现的"人物混融"[①] 观念，在今天的社会中仍持续而深刻地发挥着作用。"人物混融"的观念在赋予物以人的生命的同时，也表明人的生命也可以物的方式来表达。阿帕杜莱[②] 受惠于莫斯深邃的洞察，坚信要回归物自身，像描述人那样来描述物的社会生命，同时人也可能以物的方式存在。王铭铭[③] 认为，海德格尔[④] 的物观与英

① 马塞尔·莫斯.礼物：古式社会中交换的形式与理由 [M].汲喆，译.上海：上海人民出版社，2005.

② 阿尔君·阿帕杜莱（Arjun Appadurai），著名人类学家。1949年出生并成长于印度孟买，后赴美国求学，获芝加哥大学博士。担任诸多公共及私人组织（如福特基金会、洛克菲勒基金会、联合国教科文组织、世界银行等）顾问，并长期关注全球化、现代性、种族冲突等议题。著有《殖民统治下的崇拜与冲突》（*Worship and Conflict under Colonial Rule*）、《对少数者的恐惧》（*Fear of Small Numbers*）等。

③ 王铭铭，1962年生，人类学家。现任教于北京大学社会学人类学研究所，中央民族大学民族学与社会学学院特聘教授。《中国人类学评论》主编。中国人类学评论网主持人。

④ 马丁·海德格尔（德语：Martin Heidegger，1889 — 1976），德国哲学家。20世纪存在主义哲学的创始人和主要代表之一。出生于德国西南巴登邦（Baden）弗赖堡附近的梅斯基尔希（Messkirch）的天主教家庭，逝于德国梅斯基尔希。海德格尔认为：个体就是世界的存在。在所有的哺乳动物中，只有人类具有意识到其存在的能力。他们不作为与外部世界有关的自我而存在，也不作为与世界上其他事物相互作用的本体而存在。人类通过世界的存在而存在，世界是由于人类的存在而存在。

国人类学家泰勒将"万物有灵论"归因于人对自身灵魂观念的模拟的观点并无大异，他们都认定"为了实现'物化'，思考者须将物之实在回归于人之实在"，泰勒[①] 将万物活生生的特性归结为人死后的灵魂所填补的虚空。海德格尔以"壶"论物 —— 壶之为壶自然是要能"容纳"什么，但能"容纳"什么的不是壶底和壶壁，而是壶的"空无"，"空无"的壶之所以"容纳"，原是为了"倾泻"，是为了有所"馈赠" —— 壶"馈赠"什么 —— 是水，是酒。水和酒乃天地造化，既可解渴、欢宴，又可敬神、献祭，就这样，壶之为壶，乃是集"天、地、神、人"于一体。[②]

重新界定物的意义，以及用何种方式投入生产，其方式和过程都是有特定意义的。人类学家认为，社会一方面规定人的世界，一方面也规定物的世界，并且两者的方式是相同的。不管是复杂的社会，还是小型的社会，人的生命传记和物的生命传记都具有结构性，只是不同的社会当中，所呈现的具体状况不同而已，但他们之间背后的社会力量、之间的文化关系是相同的。[③]

---

① 爱德华·伯内特·泰勒（Edward Burnett Tylor，1832—1917），生于英国伦敦，英国人类学家，文化史和民族学进化学派的创始人之一。

② 程悦.论海德格尔的"壶"喻与"天地神人"结构[J].建筑学报，2010S2：162-165.

③ 黄应贵.物与物质文化[M].台北："中央研究院"民族学研究所，2004.

第三节　物与心

世界太大，纷繁复杂。若简单分类，可分为两样东西，即物与心。近代科学家研究，说先时只有物，后才有心；而宗教学家说，此宇宙先有心，先有上帝来创造此世界。[1]

心，《说文解字》解释为"在身之中，象形"，指位于人或脊椎动物胸腔的推动血液循环的肌性器官。佛学中的"心"同"色"（有形的能使人感到的东西）相对，也指精神活动。医学中同肝、脾、肺、肾相并称的，同样称为"藏神"的器官，实际上包括了脑神经的思维功能。

古人认为人的思维器官不是大脑，而是"心"。孟子[2]

---

① 钱穆.《人生十论——物与心》[M].北京：生活·读书·新知三联书店，2009.

② 孟子（约公元前372年—公元前289年），名轲，战国中期鲁国邹人（今山东邹城人），著名的思想家、政治家、教育家，孔子学说的继承者，儒家的重要代表人物。

说：心之官则思，思则得之，不思则不得也。虽然现代医学已经明确，大脑才是思考的器官，古代的"心"，名不符实，但人们已经习惯"心想事成""心灵手巧"。《素问·灵兰秘典论》说："心者，君主之官也，神明出焉。"把"心"置于很高的地位，说它像一位君主一样统领全身，故而心有"天君"之称。陆游①《夏日杂咏》诗："省事心君静，忘情眼界平。"，"心"又称"心君"

心，又称"中君"。宋代苏舜钦②《夜中》诗："中君湛以宁，不为外官使。"有"中君"之称之后，还用"中虚"。《子华子·北宫子仕》："夫人之中虚也，不得其所欲则疑，得其所不欲则惑，疑惑载于中虚，则荆棘生矣。"虽然，"中虚"本指"胸腔"，因胸腔是胸中空虚之地，于是也指心。

此外，"天植"也是心的代称。《管子·版法解》中说："故曰凡将立事，正被天植。天植者，心也。天植正，则不私近亲，不孽疏远。"

《三国志·蜀志·诸葛亮传》，徐庶老母为曹操劫持，

---

① 陆游（1125—1210），字务观，号放翁，汉族，越州山阴（今绍兴）人，南宋文学家、史学家、爱国诗人。

② 苏舜钦（1008—1048），字子美，梓州铜山县（今四川省中江县）人，生于开封，北宋时期大臣，参知政事苏易简孙子。提倡古文运动，善于诗词，与宋诗"开山祖师"梅尧臣合称"苏梅"，著有《苏学士文集》诗文集、《苏舜钦集》16卷、《四部丛刊》影清康熙刊本，今存《苏舜钦集》。

心乱如麻，说："本欲与将军共图王霸之业者，以此方寸之地也。今已失老母，方寸乱矣。"晋代陆机《文赋》："函绵邈于尺素，吐滂沛乎寸心。"南朝梁沈约①《钱谢文学离夜》诗："以我径寸心，从君千里外。"杜甫②《偶题》诗曰："文章千古事，得失寸心知。"苏轼③《和饮酒》诗："寸田无荆棘，佳处正在兹。"郭沫若《瓶》诗："我纵横是已经焦死，你冰也冰不到我的寸心。"因心在胸中方寸之地，还称"方寸""寸心""寸田""径寸心"。

《庄子·德充符》："不可入于灵府。"成玄英注解说："灵府者，精神之宅也，所谓心也。"《庄子·庚桑楚》："不可内于灵台。"心为人身之主宰，"神明出焉"，故心又有"灵府""灵台"等称呼。

---

① 沈约（441－513），字休文，吴兴郡武康县（今浙江省德清县）人。是南朝梁开国功臣，政治家、文学家、史学家，刘宋建威将军沈林子之孙、刘宋淮南太守沈璞之子。

② 杜甫（712－770），字子美，自号少陵野老，唐代伟大的现实主义诗人，与李白合称"李杜"。出生于河南巩县，原籍湖北襄阳。为了与另两位诗人李商隐与杜牧即"小李杜"区别，杜甫与李白又合称"大李杜"，杜甫也常被称为"老杜"。

③ 苏轼（1037－1101），字子瞻，一字和仲，号铁冠道人、东坡居士，世称苏东坡、苏仙、坡仙，汉族，眉州眉山（今四川省眉山市）人，祖籍河北栾城，北宋文学家、书法家、美食家、画家，历史治水名人。

《黄庭内景经·肾部》："中有童子冥上玄。"梁丘子①注："心为上玄，上玄幽远，气与神连，故言冥上玄。"《黄庭内景经·心部》："心部之官莲含华。"梁丘子注："火宫也，心脏之质像莲华之未开也。"道家用五行说解释五脏，认为心脏于五行为火，所以又称"上玄"或"火宫"。

佛教中，心的别名很多，如"心田""心地""本来面目""如来藏""法身""实相""自性""真如""本体""真心""般若""禅"等。以心如大地，滋生万物，有五谷，有杂草，善善恶恶随缘而生，故以田、地相比喻。白居易《狂吟七言十四韵》诗写道："性海澄淳平少浪，心田洒扫净无尘。"至于心与性之说，认为"迷悟虽有差，本性则无异。如黄金是一，但可制耳环、戒指、手镯等各种不同之金器，故金器虽异，实一黄金耳。明乎此，心与性名虽不同，实则皆吾人之本体也。"

一学僧参学，问禅师"心与性之差别如何？"禅师答："迷时则有差别，悟时则无差别。"学僧再问："经上说，佛性是常，心是无常，为何无别？"禅师举喻明道："若只依语而不依义，譬如寒时结水成冰，暖时融冰成水；迷时结性成心，悟时融心成性，心性本同，依迷悟而有所差别。"

---

① 名白履忠，唐汴州浚仪人。曾居大梁，因号梁丘子。史载其"贯知文史"，"博学守操"，曾任校书郎，后拜朝散大夫，乞还，游京师，终老故里，精研《黄庭内景经》。

再谈"物"。

最早字形见于商代甲骨文，本义是指杂色牛，引申指毛色、杂色，这些意义只见于上古。因杂色含有众多的意思，故引申为万事万物。另一意说，物本义指万物，引申指具体的物品，还特指自己以外的人、事、物，多指众人。

《说文解字》① 给的解释是："物，万物也。牛为大物，天地之数，起于牵牛，故从牛，勿声。"张舜徽② 《约注》："数犹事也，民以食为重，牛资农耕，事之大者，故引牛而耕，乃天地间万事万物根本。"另者认为，天地之数，起于牵牛，此处牵牛，指的是牵牛星。天体运转从牵牛星左转，止于北斗星。日月起于此，则天地间一切术数皆起于此，因此，天地万物之"物"的部首从牛。段玉裁的《说文解字注》称："周人以斗、牵牛为纪首，命曰星纪。自周而上，日月之行不起于斗、牵牛也。"

《易·系辞·上》："方以类聚，物以群分，凶吉生矣。"指各种方术因种类相同聚在一起，各种事物因种类不同而区分开，后指人或事物按其性质分门别类各自聚集。

---

① 《说文解字》，简称《说文》，是由东汉经学家、文字学家许慎编著的语文工具书著作。《说文解字》是中国最早的系统分析汉字字形和考究字源的语文辞书，也是世界上很早的字典之一。

② 张舜徽（1911—1992）湖南沅江县人。华中师范大学历史系教授，博士生导师；中国历史文献研究会会长等。中国现代著名历史学家、文献学家，长于校勘、版本、目录、声韵、文字之学。

《周礼·春官·保章氏》："以五云之物，辨吉凶水旱丰荒之襏象。"《周礼正义》称："凡物各有形色，故天之云色，地之土色，牲之毛色，通谓之物。"此外，物指社会，外界环境。比如《楚辞·渔父》："新沐者必弹冠，新浴者必振衣。安能以身之察察，受物之汶汶者乎？"范仲淹的《岳阳楼记》："不以物喜，不以己悲。"

在哲学用语中，物指物质，与"心"相对。另外，还有物产的意思，比如说"地大物博"。苏格拉底认为普罗泰戈拉学说的归宿和结论是："物与我、施者和受者，无论存在和变为，必是彼此相对相关 …… 因此，物与我唯有即时即境、彼此相束相羁"[①]。这一观点，从本体论看是二元论；从认识论看，则指明主客体的相互联结。《列子·黄帝》中说，"凡有貌相声色者，皆物也"。古典哲学中的心与物，就本体论而言，等于我们今天说的"精神与物质"；"思维与存在"，就认识论而言，基本等于今天谈的"主体与客体"；发展到古典文论中的心与物，已包含了审美主体与客体，神韵与形象，内情与外景，心性与境界，理念与表象，思想感受与生活源泉等多区间的涵义。这些不同区间的概念，在同一心物术语中交错出现。从而带来了概念的宽泛和理解的模糊，特别是面对区分"唯物"和"唯心"问题，容易把不同

① 柏拉图.泰阿泰德·智术之师[M].严群，译.北京：商务印书馆，1963.

层次的问题放到同一维度上处理，造成歪曲、误解、错位现象。

明代哲学家王阳明称心为"灵明"，在他的《传习录》中说："曰：'人又什么教做心？'对曰：'只是一个灵明。'"他认为心为万物之主，心即理。王明阳从认识论的角度发现了审美主客体相互关照才能产生美感结构的组合规律，但是"心外无物"的命题只有放在认识论的主客体互依关系上解释是合理的。

问题在于，古人经常把不同层次的问题模糊地整合于一体之中，并试图给出一个完整的答案。

心与物的关系，有钱穆[①] 先生的鸿文《人生十论·物与心》，可读。

人生十论·物与心（摘录）

就人类言，又像是心最先，次及生命，再次及身体，即物质。因于此一观点，我们所以说，宇宙间心灵价值实最

---

① 钱穆（1895—1990），字宾四，笔名公沙、梁隐、与忘、孤云，晚号素书老人、七房桥人，斋号素书堂、素书楼。江苏无锡人，吴越太祖武肃王钱镠之后。中国近现代历史学家、思想家、教育家，国学大师。中央研究院院士，故宫博物院特聘研究员。

高，生命次之，而物质价值却最低。换言之，最先有的价值却最低，最后生的价值却最高。但心灵价值虽高，它并无法离开较它价值为低的生命，生命也不得不依赖较它价值为低的身躯。如是则高价值的不得不依赖于低价值的而表现而存在，因此高价值的遂不得不为低价值的所牵累而接受其限制，这是宇宙人生一件无可奈何的事。人心和动物心之不同处，似乎即在人的心可以离开身体而另有所表现。也可说，那即是人的生命可以离开身体而表现之一种努力之所达到的一种更是极端重要之成绩。例如这张桌子吧，它仅是一物质，但此桌子的构造、间架、形式、颜色种种，就包括有制造此桌子者之心。此桌子由木块做成，但木块并无意见表示，木块并不要做成一桌子，而是经过了匠人的心灵之设计与其技巧上之努力，而始得完成为一张桌子的。所以这桌子里，便寓有了那匠人的生命与匠人的心。换言之，即是那匠人之生命与匠人之心，已离开那匠人之身躯，而在此桌子上寄托与表现了。我们据此推广想开去，便知我们当前一切所见所遇，乃至社会形形色色，其实全都是人类的生命与心之表现，都是人类的生命与心，逃避了小我一己之躯壳，即其物质生命，而所完成之表现。

　　上面所举，还只就人造物而言，此刻试再就自然界言之。当知五十万年前的洪荒世界，那时的所谓自然界，何尝如我们今天之所见？我们今天所见之自然，山崎水流，花香鸟语，鸡鸣狗吠，草树田野，那都已经过了五十万年来人类生命不断之努力，人类心灵不断的浇灌与培养。一切自然景象中，皆寓有人类的生命与心的表现了。再浅言之，即是整个自然界，皆已受了人类悠久文化之影响，而才始形成其如今日之景象。若没有人类的生命与心灵之努力渗透进去，则纯自然的景象，绝不会如此。所以我们可以如此说，在五十万年以前的世界，我们且不论，而此五十万年以来的世界，则已是一个心物交融的世界，已是一个生命与物质交融的世界，已是一个人类文化与宇宙自然所交融的世界了。换言之，已早不是一个无生命无心灵的纯物质世界，那是千真万确，无法否认的。

人类生命经此不断的变进扩大与融和，才始得更为发扬而长存。这便是所谓人类的文化。人类文化则绝不是唯物的，而是心物交融，生命与物质交融的。故人心能互通，生命能互融，这就表现出一个大生命。这个大生命，我们名之曰文化的生命，历史的生命。

根据上述，可知我们要凭借此个人生命来投入全人类的文化大生命历史大生命中，我们则该善自利用我们的个人生命来完成此任务。

……

现在让我讲一故事来结束上面一番话。

苏州近郊登山漫游，借住在山顶一所寺庙里与方丈促膝长谈。我问他，这一庙宇是否是他亲手创建的。他说是。我问他，怎样能创建成这么大的一所庙。他就告诉我一段故事的经过。他说，他厌倦了家庭尘俗后，就悄然出家，跑到这山顶来。深夜独坐，紧敲木鱼。四近的村民和远处的，都闻风前来。不仅供给他每天的饮食，而且给他盖一草棚避风雨。但他仍然坐山头，还是竟夜敲木鱼。村民益发敬崇，于是互相商议，筹款给他正式盖寺庙。此后又逐渐扩大，遂成今天这样子。所以这一所大庙，是这位方丈费了积年心，敲木鱼打动了许多别人的心而得来的。我从那次和那方丈谈话后，每逢看到深山古刹，巍峨的大寺院，我总会想像到当年在无人之境的那位开山祖师的一团心血与气魄，以及给他感动而兴建起那所大寺庙来的一群人，乃至历久人心的大会合。后来再从此推想，才觉得世界上任何一事一物，莫不经由了人的心，人的力，渗透了人的生命在里面而始达于完成的。我此后才懂得，人的心，人的生命，可以跳离自己躯体而存在而表现。我才懂得看世界一切事物后面所隐藏的人心与人生命之努力与意义。我才知，至少我这所看见的世界之一切，便绝不是唯物的。

我们若明白了这一番生命演进的大道理，就会明白整个世界中，有一大我，就是有一个大生命在现。而也就更易了解我们的生命之广大与悠久，以及生命意义之广大与悠久，与生命活动之广大与悠久。而一切由物来决定心的那一种唯物史观，以及其仅懂得生产与财富价值的人生理论与历史观，实在是太褊狭，太卑陋浅薄得可怜了。①

① 钱穆.《人生十论——物与心》[M].北京：生活·读书·新知三联书店，2009.

第二章

收藏

第一节　人类收藏史

生死和梦幻的存在，让原始人认为可能灵魂不死，于是在现实世界里，对死者的身体和灵魂进行妥善安置（埋葬）显得极其必要。在早期人类尼安德特尔① 河谷洞穴里，发现遗骸周围散布有红色碎石及随葬工具，男性身边有石斧、石铲、石锛等，女性身边多纺轮和磨盘。这些随葬用品有使用

① 尼安德特人（Homo neanderthalensis），简称尼人，也被译为尼安德塔人，常作为人类进化史中间阶段的代表性居群的通称。尼安德特人头骨化石最初在 1829 年发现于比利时，但是直到 1856 年在德国的尼安德（Neander）山谷中的一个山洞发现了头盖骨和其他骨骼，并被命名为尼安德特人（Homo neanderthalensis）后才广为人知（Wolpoff，1996）。化石证据显示，其比早期现代人稍矮但身体和四肢粗壮，平均脑量稍大，晚更新世广布于欧洲，在西亚和中亚也有分布；至少在 23 万年前就已经出现，由于冰期的兴盛，约在 3 万年前灭绝（Hublin，2009）。2010 年，尼安德特人基因组草图发布，也基于尼安德特人基因组草图，研究发现，除非洲人之外的欧亚大陆现代人均有 1%～4% 的尼安德特人基因成分。

痕迹，推断为死者生前使用，死后仍归其"使用"，这种生前使用，死后陪葬，大概是收藏的最早形式之一。

图腾崇拜作为普遍的原始社会早期宗教形式，图腾崇拜的对象有动植物、自然物或自然现象，其特征是对图腾对象的种种禁忌（禁忌、禁食、禁触摸等）及图腾象征（"图腾柱"或画有图腾的灵物）的神秘力量的信仰和崇拜。图腾是祖先精灵寓身之所，人们相信它有强大的魔力。每个氏族都有一个收藏图腾的秘密地方，来对图腾细心收藏、妥帖保护，这些地方神圣不可侵犯，严禁人们靠近，特别是妇女和其他未行成丁礼的男子，只有氏族首领可以进出和触动。

人类图腾崇拜的收藏、膜拜，遂转化为文明社会人类对各种宗教艺术品的敬奉和收藏。在氏族社会阶段，当人们对人本身以外的自然还处于蒙昧状态时，便容易产生出人与自然存在某种神秘联系的观念，并幻想人可以通过某种方式达到影响自然以及其他人的目的，于是产生了巫术及与巫术有关的收藏。英国民族学家弗雷泽根据施行巫术的不同方式，将巫术分为模仿巫术与接触巫术，两种巫术均可导致一定的收藏行为。接触巫术是人们相信通过对某人、某物的一部分，或他们接触过的衣物行巫术，就能达到影响某人、某物的目的。如火地岛人常把仇敌接触过的东西装入小口袋内，践踏后用火点燃，然后投入海中，认为这样做后半个月内仇敌便会死亡。原始氏族常将自己脱落的头发、指甲、须、牙齿等收藏好，以免被人拿去施术。这种巫术在以后的文明社会逐渐变为迷信或与之相关的风俗，到今天，很多地方仍会把婴儿的胞衣或脐带与婴儿的生命连在一起，如果胞衣或脐带被他人拿走或被狗等动物吃掉，将是最不堪设想的事，因而特别谨慎对待这些牵连生命之物，或盛于坛中深埋地下，或被父母精心收藏。

灵物崇拜在其自然崇拜的基础上发展而来。自然崇拜以自然物和自然力为崇拜对象，灵物崇拜则是对某种物品的膜拜。人们感觉某种东西有灵，认为它可以使人免受灾祸，这种东西就成为灵物，受人崇拜。灵物崇拜的对象极其广泛，既可以是一块小石头、木片、一块兽骨、一颗兽牙等自然物，也可以是房屋、工具、一方红布或几绺染色布条等人工制品。商代盛行的龟甲占卜，可能就源于史前时代的龟甲崇拜。因灵物崇拜而导致的收藏，其范围远比与巫术有关的收藏广泛得多。偶像崇拜与收藏偶像崇拜是对所奉之神灵塑造其形象而加以崇拜，是灵物崇拜的进一步发展。偶像是经过绘画、泥塑、石雕、木刻等加工而成的灵物，更加形象化。

个人所佩带的装饰物品实际上就是个人的收藏品，不仅生前占有、使用，死后也随其陪葬。从考古发掘来看，早在旧石器时代晚期便出现了各种各样的装饰品。如山顶洞人的遗物中，装饰品有穿孔的兽牙、海蚶子壳、石珠、小砾石、鲩鱼眼上骨等，且大部分装饰品孔上都有穿戴的痕迹。原始人收藏的饰物如此各样，但仔细考察仍能发现人们共同的偏爱，如带有光泽的饰物，像金属物、宝石、贝壳、牙齿、羽毛等因其有光泽而被珍视；颜色明亮的饰物，如红、黄、白色的居多，但肤色较浅的布须曼人也喜欢用暗色的珠子；有形状美观的，如鸟羽、贝壳制成的饰物很受赏识。原始人的饰物不仅比文明人丰富，而且与其全部所有物相比，也极其繁多。原始人生活如此简陋，然而却拥有如此众多的装饰物，林惠祥[①]在《文化人类学》一书中对产生这种不相称情况的原因作了分析。他认为这种事实的原因是由于装饰在满足审美欲望以外，还有实际生活上的价值。这种价值，一是引人羡慕；二是使人畏惧。这两点却是生活竞争中不可缺少的利器——凡能使同性畏惧的，同时也能使异性羡慕。

收藏品是个人财产的一部分，私人财产的起源与收藏品起源有密不可分的联系。个人财产物质形式的最初起源，是氏族成员的贴身之物和他们所使用的劳动工具。在原始社会，如果要使一件东西成为个人所有，除劳动工具外，要使这件东西同该人的体肤结合在一起而不能分离。如穿在鼻子上、耳朵上、嘴唇上的装饰品，系在颈上的宝石或兽皮，以

[①] 林惠祥（1901—1958），中国人类学家，福建晋江人。又名圣麟、石仁、淡墨。男、汉族。1926年毕业于厦门大学，1928年毕业于菲律宾大学，获人类学硕士学位。1931年任厦门大学历史社会学系主任、教授；中华人民共和国建立后，任厦门大学历史系主任等。我国著名人类学家、考古学家、民俗学家、民间文艺理论家。

及其他佩戴在身上的装饰品，这些物品已成为佩戴者身体的一部分，生死不离，人死后物品与尸体一起埋葬。摩尔根的《古代社会》以及一些民族学资料中提到，氏族社会个人财产的最初形式，可能是氏族以一定仪式送给每个成年成员的名字。原始人视自己的名字如贵重的珍宝，他们从不向外人公布自己的名字，生怕被人窃去，当他们想用无价的礼物来表达自己的友谊时，就同自己的朋友交换互赠名字，然而就是这种个人的名字，也不是绝对属于个人，名字属于氏族财产，当受赠的朋友死去后，名字要归还氏族。

随着剩余产品增多，交换日益频繁，氏族酋长、部落首领、家族长逐渐利用自己的权力把公有财产当成私有财产进行分配，随之有了贫富差别和阶级分化。这种显著的贫富差距使人们积累私产的欲望日渐强烈，而富有的收藏也日趋增多。氏族社会中最富有和最有势力的成员担负着首领的角色，他们是社会地位方面享有特权的社会上层分子，有更多的机会拥有各种收藏品，这类收藏影响到后世文明社会中王公贵族的收藏。财产观念加强后，便出现了个人遗产的继承问题 —— 如何处理收藏品。珍贵的收藏品是随葬，还是留给他的亲人，是归于氏族，还是归于其子，这在原始社会不同的发展阶段，在不同的地区，都有相应的原则和习惯，其内容成了社会法律的前身。社会生产力的提高和社会大分工完成，大大促进了私有财产的扩大和发展，同时，起等价物作用的特殊商品货币也应运而生，一方面刺激了人们积累私人财产的欲望，同时提供给人们一种更便于积累私人财产的手段，人们的收藏品越来越多，并出现了最为特殊的收藏——金钱收藏，且经久不衰。

收藏的发展中，宗教文化是需要重要叙述的内容。佛寺在中国收藏史上，如同教堂在西方收藏史上，同样具有典型性和代表性。佛堂的收藏以佛像、经书、书画及佛教文物为大宗，私人收藏便以佛像和经书为主。善男信女不仅经常到庙中烧香拜佛，还要在家中请一尊佛像，以保佑全家平安，佛像遂成为家居百姓的日常收藏。佛教最初的教义是禁止塑造释迦形象的，《阿舍经》曾说："佛形不可量，佛容不可识。"故最早的寺塔只雕佛的纪念物而无佛像，后大乘教在北天竺和今巴基斯坦等地兴起，佛像才开始出现。虽然佛教经典对佛像塑造作了"三十二相，八十种随形好"的严格规定，佛、菩萨像的坐式、手印类似，但从面形、表情、体态来看，很难发现两身面貌、神态完全相同的佛像，因而增加了收藏的价值。

佛教经典总称"三藏"①，也称"大经藏"。"藏"是梵文的意译，指盛放东西的容器，本身即具有收藏的含义。佛经有写经和刻经之别，刻经又分石刻和木刻。把佛教经典刻在石上以资传诸久远，似与殷商贵族铸青铜重器以便"子孙永保之"一个道理。刻石经的主要目的是为了妥善收藏佛教经典，并使其流传后世。造石经收藏，"以备法灭"。此言不幸而中，唐武宗发动"会昌发难"，共毁佛寺所，所废寺院田产没官，所有钟磬铜像交盐铁吏铸钱，铁像交各州府铸造农具，私人收藏供奉的金银佛像在一个月内送交官府。百年之后的五代周世宗时又一次灭佛，所毁铜像用以铸钱。佛教经过几次打击，历代名僧章疏文论散失佚尽，各种经论多遭湮灭，于是，石经山所藏石经遂尤显珍贵。敦煌宝藏、莫高窟宝藏，大抵如此。不管是出于何种目的的收藏，这种封闭式的收藏，使古代珍贵文献典籍较集中地流传后世成为可能，这种集中性的收藏和保存所付出的代价和努力，要比个人的小量收藏或单项收藏要大得多。

在古代，寺庙往往是最为发达的博物中心，古刹名寺多

① 佛家三藏：一是佛教经典的总称。古印度孔雀王朝阿育王（约公元前273年—公元前232年在位）时由高僧编纂。包括：《律藏》、《经藏》和《论藏》。《律藏》规定了佛教僧侣的戒律和佛寺的一般清规；《经藏》记载了释迦牟尼及其最早门徒的教义；《论藏》为佛教各派学者对佛教教义的论述解说。二是通常对一些通晓《三藏》的僧人称"三藏法师"或简称"三藏"。如唐玄奘称唐三藏。藏：意谓容器、谷仓、笼等。

为藏宝之寺，即使是一山野破庵小庙，也会有种种文物珍藏。文人墨客，名师僧人在寺庙留下无数书画杰作，到寺庙赏习先贤遗迹，并乘兴挥毫书怀，又为寺庙增添新的景致。除了宗教经籍、书画，寺庙也保存了大量宗教金石文物。钟、磬、炉、鼎之类属"金"之范畴，如北京大钟寺收藏的明永乐年间所造的大钟，钟内外铸有汉、梵经文，重达万余斤。其他尚有雕塑，即寺院古代雕塑的尊像，以及各种用金、石、竹、木、骨、角、牙、陶、玉、瓷等雕刻的器皿或艺术品。寺院的谱录、志书、档案、戒牒、法卷，名师高僧的袈裟、冠屐、饰物，以及各种法器、乐器、仪器、家具等，均在寺庙的收藏范围之内，也是现代人珍视宝爱的对象。可见，古代寺庙不仅是文化艺术中心，也是宏达博物之趣的重要场所。寺庙作为古代的博物中心和游览中心，决定其必须有收藏，而且收藏丰厚。寺庙收藏又反过来提高了寺庙声望，吸引了更多的游客，同时其收藏也日加增多。甚至寺庙收藏是否丰盛，直接反映了寺庙的规模、历史及在宗教界的地位。因而名寺古刹，皇家寺宫，其珍藏之丰厚，远非一般寺庙所能比拟。值得一提的是，寺庙、道观的大量极为珍稀藏品的来源，主要有三方面：一为皇帝和皇亲国戚的赏赐；二为寺僧募化和聘请能工巧匠建造或精工制作；三为信男善女等佛徒敬献。僧侣、道士等视寺庙珍藏为神器，为对佛祖的虔诚，寺庙宝藏大都代代相传，主持等甚至不惜以生命保护寺庙所藏，故千年古刹，宝物日积月累越来越多。如西藏布达拉宫，珍宝堆积如山，实为中国最富丽最巨大的宗教文物博物馆之一。

此外，中国传统收藏文化与丧葬也紧密联系。"厚葬富藏，器用如生人"。从文学上讲，葬与藏有着一定的联系。《吕氏春秋》："葬也者，藏也，慈孝子之所慎也。……葬不可藏也。"此处"葬"的含义即妥帖收藏死者的肌骨，使其无暴露并高低适宜，以避禽兽及水泉之患，这便是源于古代的丧葬礼俗之一。古人出于灵魂不死的观念，在安葬死者时，连死者生前所用之物及心爱之物也要随同陪葬，使死者生前收藏在死后仍可尽享。在中国历史上，厚葬之风长期占主导地位，地下收藏之繁复也可以想见了。以敬鬼事神和崇拜祖先而出名的夏商朝掀起了中国历史上厚葬的序幕，他们相信其祖先的灵魂弃世不灭，这种观念直接导致了厚葬风气的盛行，其中与收藏有关的便是大量昂贵的青铜器被埋葬于墓中，同时也随葬玉器骨角器等。如殷墟商王大墓出土文物中就有形制巨大的青铜鼎，成批的青铜盘，成捆的戈矛等。至周初，厚葬风气仍然浓厚，直到西周中期以后，这种厚葬风气才有所减缓，随葬品已减少，并以铜器组合代表死者身份，出现了列鼎尚礼的丧葬收藏文化。其大小和件数足以说明使用者或埋葬者的身份等级，是其权力与地位的象征，即所谓"厚葬富藏""器以藏礼"。然而，"葬愈厚，则发掘必速"①，以薄葬闻名的曹操生前也干过盗墓掘坟之事，感叹"自丧礼以来，故墓无不发掘，皆因厚葬也"。

"土古"与"传世古"成为中国古玩收藏中的两个重要术语，前者指出土的古器物，后者指未经过土埋而一直在世间流传的古器物。现今所见的古玩，"土古"远远多于"传世古"，全国各省市文博馆内的文物精品件，几乎全都是墓葬出土文物（包括考古发掘及经过其他方式出土的古器物）。

简而言之，在史前阶段，人类已将收藏分化为生活必需品的贮存和为精神需要而收藏两种形态。原始人基于鬼魂观念，将死者生前所使用的生产工具或日用器具收藏起来，供死者在冥间使用；而艺术品收藏被世人普遍和直观地视为一种时尚，或是一种追求名誉、追求利益的手段。每件藏品都需要有创作者和观赏者，收藏家则是具有某种探索性的观赏者人群，维持着创造者和外行人两者之间的平衡，传承着人类文明史中的有形艺术遗产，并以经济历史进程中一种看得见摸得着的例证，昭示不同历史时期的发展状况与文化品味。

---

① 《汉书·刘向传》，原文：无德寡知，其葬愈厚；丘陇弥高，宫庙甚丽，发掘必速。

第二节　收藏：玩物养志

由于经济宽裕和文化水平的提高，人们不再局限于美食、养生等，引发了更深层次的对文化艺术的欣赏和审美品味的提升，数量有限、供给不能任意增加的商品，如古画、古玩、稀有货币、邮票，以及现在市场上的老酒等，这些具有文物性质的商品，催生了一种新的经济形式——收藏经济，并成为社会精英们闲暇时间里不可遏制的嗜好，逐渐形成一种高雅的生活方式，为人们所追求。

梵伯伦在《有闲阶级论》里的分析，将文物收藏这种消费方式称之为炫耀消费，又由于文物是智力和审美力或美术的精通程度评比的一个载体，所以这种消费不仅仅像简单的炫耀消费一样主要满足享受，显示富足，而是逐渐上升到了智力和审美力的层次。

鲍德里亚从主观性角度论述一些没有客观实用性的非功

能性物品的意义，认为那些被人们收藏起来、细细把玩的古物，原初被塑形的实用功能消失了，"对于古物的品味成为了一种试图超越经济成功这一维度的渴望，它将社会的成功或者特权阶级富有的地位神圣化了，并将其转变为一种文化，一种象征性的符号。古物由此标志了一种社会的成功，它找寻着一种合法性，一种可继承性，一种'高贵'的确认"。这就意味着，收藏可以让人们获得超越物质财富成就的更高尊荣和持久神圣的存在感，通过这一过程，精英阶层可以成功地将其经济地位转变成一种继承下来的美德，而知识分子则因此表达出"向传统致敬"的济世情怀，寄托着对永恒历史的追思，以此实现对自身存在地位的终极确认。收藏活动既可以带来经济收益，也可以带来精神收益，越来越多的人踊跃投身其中。

"文眼识旧物，收藏品自高"。

收藏之道，也是实践之道。收藏大家王世襄谈自己的收藏之道时说："人舍我取，微不足道。我过去只买些人舍我取的长物，通过它们来了解传统制作工艺；辨正文物之名称；或是坐对琴案，随手抚弄以赏其妙音；或是偶尔把玩，藉以获得片刻清娱。在浩劫中目睹辇载而去，当时我能坦然处之，未尝有动于衷。由此顿悟人生价值，不在据有事物，而在观察赏析，有所发现，有所会心，使之上升成为知识，有助文化研究与发展。"

藏品是历史的载体，感受其境界，需是收藏者的认知。以中国瓷器为例，各朝各代所制瓷器，在物质形态上，各个时代的材料、工艺上有所区别，瓷土的淘洗、胎质配方、釉水配方、烧制材料和烧制工艺都会在瓷器上留下痕迹。瓷器的制作大多是就地取材，各个窑口所出瓷器，就会带有明显的地域特色。出产瓷器的窑口本身，因本地技术改进，外来技术影响，受自然资源环境和社会政治经济状态影响，窑口在经历产生、兴旺和没落不同阶段的历史发展中，瓷器的品质和风格也会有极大变化。各朝各代所制器物，皆受当时政治、经济、文化、集体意识的影响，不同的人文环境和意识形态是瓷器创作的源泉和艺术表现的根本，窑主或匠人，大都形成独特的时代风格。从瓷器来看，原始瓷往往朴拙天真，两晋南北朝的瓷器往往造型奇特，唐代瓷器多大气雍容，宋瓷婉约华贵，元瓷多粗犷，明清瓷则多彩艳丽。出世的瓷器，历经千百年，所处环境不同，保存的面貌不一样，老化氧化特点各有不同。传世在用的古瓷，日常使用时，会产生釉面损伤或器物残破的情况，使用痕迹清晰明显，特别是接触的底足，其往往是判断瓷器新老的重要参考；从墓葬里边出土的瓷器，受复杂环境和土壤生物影响，形成沁面；保存在窖藏里边的古瓷，因环境单一，大多品相完美，釉色如新；如果是出水瓷，从江河和海洋中打捞出的瓷器，其釉面特征和品相亦会不同。但有一点是共同的，真古瓷器，洁净有神，而仿品多呆滞无宝光。此外，还有整体风格气象，如北方宋瓷俊逸雅致，南方宋瓷则温婉秀丽。而现代仿古工艺瓷，往往是造型圆俗，釉面死板，缺乏生气；器物外形线条稀松绵软，上手轻重不当，缺乏精气神韵。掌握了基本的道理，才只是接触古瓷鉴定的基本方法，收藏水平的真正提高，还得反复上手练习。[①]

收藏的乐趣，不仅在收藏之中，更在收藏之外。收藏不只是涉及把玩、鉴定、研究，还涉及具体物品的甄别、传播与交易，作为特殊的商品，收藏品的装潢、包装、买卖、交易、利润等环节，其脉络与意义都可在具体的历史语境中加以探求与解读。找藏品，求于山川河野、市场店铺、展厅藏馆，既陶冶情操、大饱眼福，又可以提升鉴赏品位。在市场获得藏品，不叫买，而叫"淘"，"淘沙始得金"，把收藏的执著、艰辛和乐趣都囊括其中。"淘"得心仪已久的藏品，喜悦的心情，对于收藏者来说，如坐春风。工作之闲、茶余饭后，安安静静地把玩藏品。摆在面前之物，即用手可以触碰到的历史，面对的是几十年，几百年，甚至上千年的历史，它完全不同于在书本上看到的内容，不同于文字的介绍，不同于模糊的认知，它清晰可见。它会带人回到过去的时空，连接千载，给人天地广阔之感，让人明理、沉静，性

① 《瓷器鉴定：宏观看时代风格，微观断年代真伪》，https://www.sohu.com/a/200364067_721360.

情得到修炼，心灵得到升华。

在1998年的美国经济学会年会上，宏观经济学创始人约翰·梅纳德·凯恩斯[①]（John Maynard Keynes，1883 — 1946）被150名经济学家选为"20世纪最具有影响力的经济学家"，但他被誉为20世纪最伟大的收藏家之一则鲜为人知。他的藏品颇丰，收藏有约4000卷古籍善本，约300卷名人手稿和亲笔信件，芒比（Munby）在论及凯恩斯所收藏的牛顿手稿时曾经感慨道："这可能是由私人所收集的最上乘精品。"他还收藏有塞尚（Cezanne）、毕加索（Picasso）、马蒂斯（matisse）、西尼亚克（Signac）、雷诺阿（Renoir）、希金斯（Higgins）等人的大量绘画作品；凯恩斯不仅能够进行"研究性收藏"，他的收藏理念也与众不同，凯恩斯认为，"收藏代表了一种文明的生活方式"。凯恩斯始终坚信，人不应该聚敛财富，而应该把钱花在文明的生活方式上。他

---

① 约翰·梅纳德·凯恩斯（John Maynard Keynes，1883年6月5日 — 1946年4月21日），英国经济学家，现代经济学最有影响的经济学家之一，他创立的宏观经济学与弗洛伊德所创的精神分析法和爱因斯坦发现的相对论一起并称为二十世纪人类知识界的三大革命。凯恩斯主义的理论体系是以解决就业问题为中心，而就业理论的逻辑起点是有效需求原理；但凯恩斯假设政府会制定最优的理性政策，事实上已经被证明，这个假设是偏颇的——政府的政策制定甚至会刻意的去偏离最优政策；抛弃金本位的廉价货币政策虽然带动了社会需求，促进了经济的虚假繁荣，但从客观上为政治家"借钱、花钱、印钱"提供了理论支撑。这种政策的推行为政客和金融大鳄沆瀣一气，利用通货膨胀剥夺人民财产铺平道路。凯恩斯推崇重商主义。

自己就身体力行，不是把钱用在改善个人生活方面，而是用在营造美好生活方面，这是凯恩斯从事艺术品收藏的真实意图。人生应该享有最好的艺术，每件器物都有生命。从制作出来到被使用，难免磕磕碰碰，就好像人生中总会遇到一些事，难免伤害或者折损。藏品的收藏、保存，经历坎坷，难免有所缺陷，精心修缮，面对缺陷不去试图掩盖，坦然接受生命中的残缺美，在无常的世界中恪守心中对美的向往。

第三节　收藏：捡漏与风险

　　多数收藏家，即精明的投资家。收藏家凭借良好的心态、广博的鉴赏知识和丰富的实践经验，寻觅到那些具有普通人看不到的价值的藏品，用大大低于藏品价值的价格买进藏品，就算是"捡漏"①。从事收藏活动的人，大多盼望着能遇到"捡漏"机会。

　　然而，从某种意义上讲，所谓"捡漏"，更多是捡知识的漏，捡文化的漏。收藏投资与其他类型投资的重要区别之一，就在于从事收藏投资需要支付比较高昂的学习成本。这

---

　　①　古玩行话，用很便宜的价钱买到很值钱的古玩，而且卖家往往是不知情。

样的交易成本，是收藏活动中必不可少的。张五常^①将交易成本定义为一系列制度成本。在他看来，交易成本不仅包括那些签约和谈判成本，而且还包括度量和界定产权的成本、用契约约束权力斗争的成本、监督绩效的成本、进行组织活动的成本等等。简而言之，交易成本包括一切不直接发生在物质生产过程中的成本。收藏市场上买卖双方之间进行的买卖，"成本"就是要为这笔买卖所付出的代价，"交易成本"则是要达成一笔交易而花费在购买收藏品所直接支付的货币以外的成本。例如，为了达成一笔交易，收藏者就必须搜寻信息、讨价还价，还要承担购买到赝品的风险等，这些都需要花费时间和精力，都属于交易成本之列。如果将投资收藏品所需要花费的资金成本、学习成本和交易成本称之为收藏投资的总成本，假设总成本是既定的，构成总成本的各种成本，可能在数量上存在不同的组合方式。如果收藏者的资金非常充裕，而时间相对稀缺的话，他可以选择资金成本在总成本中所占权重比较大，而学习成本和交易成本在总成本中所占权重比较小的成本组合方式。

收藏者可以聘请收藏品鉴定专家和收藏市场专家，让这

---

① 张五常，1935年出生于香港，国际知名经济学家。新制度经济学代表人物之一，毕业于美国加利福尼亚大学洛杉矶分校经济学系，为现代新制度经济学和现代产权经济学的创始人之一。其著作《佃农理论》获得芝加哥大学政治经济学奖。

些专家来承担学习成本和交易成本；同样，如果投资者的资金比较稀缺，那就需要考虑更多的学习成本和交易成本。收藏品鉴定专家的慧眼，无一不来自于丰富的收藏实践。经常被忽略了的学习成本，其实是高昂的交易成本。藏家也可以花比较多的时间学习收藏品的相关知识，经常"泡"在收藏市场上，竭尽所能地与收藏品的卖方讨价还价。对于收藏者而言，更多需要的，是多学习。古今中外的历史、考古、鉴定类书籍报刊都应该或多或少有所涉猎。此外，那些与收藏相关的其他学科的书籍，例如冶金学、地质学、陶瓷学、纺织学、古文字学等学科的相关知识，也应该略有所知。鉴定理论之外，还需要文学、美学、历史学、社会学、心理学、经济学，以及与之相关的自然科学知识群的共同运用。只有这样，才有可能独具慧眼，辨伪识真。

荷兰银行艺术品顾问组负责人萨拉马（Salama）认为："收藏品与股票之间的重要差异在于，收藏品是有形的，而且代表着一种生活方式。"关于收藏投资的这类争论，在很大程度上是人们对收藏品的理解不同而造成的。有的人将收藏品视为纯粹的消费品（奢侈品），而有的人将收藏品视为纯粹的投资品。收藏品实际上既是消费品，又是投资品。收藏品有可能因此而成为股票和期货的部分替代品，在经济衰退或者经济萧条的时期，虽然绝大多数供给弹性大的收藏品的表现可能会像股票和期货一样惨不忍睹，但是某些供给弹性小的收藏品，成为"不受价值侵蚀的另一种金钱"。

因此，收藏投资的成败，在很大程度上取决于收藏者到底选择了什么样的收藏品，这就涉及一种收藏的风险问题。收藏者通常只将收藏作为一种个人爱好，也可以将之视为回报丰厚的金融产品。收藏是一种财富积累的过程。藏品可以发挥资产配置的重要作用，作为多元化投资组合，是一类能够减少风险的资产。

投资风险在藏品市场中有着更为复杂的意义，藏品投资风险主要是指投资者在藏品的选择、购买、交割和储藏等过程中所存在的不确定性因素，从而使得投资者的相关利益有受到损害的风险，这种风险可能是由市场引起的，也可能是由投资者带来的，或者是藏品因为自身的特殊性而产生的。

藏品的真伪性是收藏投资所面临的最大风险，也是每个投资者及收藏家都会遇到的难题。仿冒藏品，五花八门，甚至有些进行质押贷款的藏品都是赝品，这对整个金融行业都产生了负面影响。一直以来，除了铜器等可以通过结构分析的这类艺术品外，其他藏品基本上还是靠视觉、嗅觉以及触觉来辨别。有时候，行业中的权威专家也会意见相左。而且，拍卖公司都不会保证所有的拍卖品都是真品，让投资者没办法求证。在这样一个充满赝品的藏品市场中，如果投资者在不进行深入研究或没有请专业人士鉴定的前提下贸然买进，就很有可能要承受巨大的风险。此外，藏品存在投资周期风险。藏品投资和其他金融产品的投资不同，它不能像股票或者房地产一样在短时间内获得巨大的利润或者"一夜暴富"，但可能在一段时间内获得暴利。藏品投资时限一般较普通金融产品更长一些，但并不是说越长越好，而是要有一个适当的周期，原因主要有以下两点：一是人的生命是有限的，对于投资者而言，投资的周期最好控制在自己的生命周期之内；二是偏好转移风险比较大，一般而言，投资所持续的周期越长，受到的偏好转移的风险就越大。

藏品的真伪风险是一种静态风险，另外还存在一种动态风险 —— 保管风险，它将会存在于整个投资周期中。保管风险主要是指由于不正确的储存方式而使藏品发生损坏，造成价值损失的风险。藏品的保存、运输等过程都要倍加小心，不同质地的藏品有着不同的储存环境，例如艺术品油画，如果保管不善，就会出现色彩脱落的现象，造成藏品受损；对于有些木器，南北方的气候不一样，不注意干湿温度对藏品的影响，也会导致藏品损坏。

市场还存在着交易的法律风险。在我国颁布的多个法律法规以及行政文件中，很多概念的界定都比较模糊，还有很多条例都不健全，并没有起到规范市场、保护收藏投资者的作用。西方国家藏品市场的自律性比较强，尽可能的不让赝品流入市场中，很多拍卖公司对拍卖品的真伪进行担保，比如佳士得和苏富比拍卖公司都有"保证真品"的承诺。佳士得拍卖公司的承诺为成交5年之内买方如果对艺术品的真伪性问题存在疑问，只要能提供两位该公司认可的鉴定专家所出具的鉴定证明，则可以进行退货。我国法律只是规定"不保证真品"，却没有在拍品经过确认是赝品的情况下可以进行退货处理的规定，这对投资者十分不利。一些拍卖公司想获得巨额的利润，因此对一些艺术品知假卖假，更为严重的是有公司会联合卖家进行拍假，从中获得分红。而拍卖市场中"拍卖公司之前声明过不保证拍品真假或者品质问题的情况下，不用承担责任"已成为不成文的规定，这样的恶性循环不仅会使收藏投资者的利益受到损害，而且还会影响市场形象，对整个收藏业产生负面影响。

第四节　收藏：拍卖与文明

拍卖是获得和出让藏品的重要渠道。

1996年颁行的《中华人民共和国拍卖法》第一章第三条，对"拍卖"予以规定："拍卖是指以公开竞价的形式，将特定物品或者财产权利转让给最高应价者的买卖方式。"或言之，拍卖的主要特征是竞价、竞买。

拍卖是人类关于利益分配的一种智慧方案，作为财产权利转让的最古老方式之一，历史相当久远。公元前5世纪，古希腊历史学家希罗多德① 在《历史》一书中，记载古巴比伦城盛行的每年一次的拍卖活动，拍卖的是适婚青年妇女。

① 希罗多德（希腊语：ΗΡΟΔΟΤΟΣ），公元前5世纪（约公元前480年—公元前425年）的古希腊作家、历史学家，他把旅行中的所闻所见，以及第一波斯帝国的历史记录下来，著成《历史》（Ἱστορίαι）一书，成为西方文学史上第一部完整流传下来的散文作品，希罗多德也因此被尊称为"历史之父"。

希罗多德称这种拍卖姑娘的手段是"最聪明的"。"拍卖新娘",是以适婚女子为拍卖标的的一种拍卖活动,将女子按美丽、健康程度顺序先后拍卖,出价最高的男子中标,成为新郎。继巴比伦之后,拍卖活动在古希腊、古埃及和古罗马兴起。古希腊工商业城邦逐渐进入经济繁荣时期,由于商品经济中奴隶劳动的广泛使用,奴隶买卖便日益增多。在雅典城内,奴隶与其他商品一并陈列于市场,按他们的性别、年龄、特长等标价出售,或采取公开竞价拍卖的方式出售。

古罗马疯狂地进行对外军事扩张,数百年之间,先后统一意大利半岛,占有西西里等岛屿。在长期的掠夺战争中,古罗马商人和士兵找到了一条共同发财的道路。即每当战争发生,大批商人就随军出发,一旦古罗马获胜,士兵便在战场上就地拍卖掠夺到的多余战利品。这不仅使古罗马士兵大规模参与拍卖,而且为古罗马的奴隶拍卖创造了必要的条件,使其达到了前所未有的繁荣阶段,成为古罗马拍卖业中的主要内容。到古罗马中后期,拍卖更加广泛地渗透到罗马社会生活的各个方面,拍卖方式、拍卖性质、拍卖规模有了很大变化。有强制拍卖,也有任意拍卖;有自行拍卖,也有委托拍卖;有民间拍卖,也有政府拍卖。拍卖范围不但涉及经济、司法领域,而且涉及政治、军事等各个领域。古罗马最大的一场拍卖是皇位拍卖。公元193年3月28日上午,200名罗马禁卫军发动兵变,杀害了他们本该用鲜血和生命来保卫的皇帝，然后，禁卫军建议公开拍卖皇位，最后富翁朱利埃纳斯通过拍卖夺得皇位。

15世纪初，由于世界新航路的开辟，欧洲商路和贸易中心从地中海区域转移到大西洋沿岸。新兴的海上强国葡萄牙、西班牙和英国便相继利用其所处的优越地理位置，大规模从事商业和奴隶贸易。奴隶贩子广泛推行拍卖方式，使奴隶拍卖风行一时。16世纪，各国的商业拍卖迅速兴起，并且出现了一些专门的拍卖机构。1556年，法国根据一项法令成立了首家官办的"法庭拍卖机构"，用来经营对死刑犯遗产的估价和拍卖业务。

拍卖业的全面成熟是在17、18世纪的近代欧洲。1660年11月，英国出现旧船、废船拍卖；1689年2月又有绘画及手稿拍卖；1739年首次拍卖房地产等。1744年和1766年，当今世界上两大拍卖行——苏富比和佳士得，分别在伦敦成立。当时伦敦已有60多家大大小小的拍卖行，拍卖业十分红火。1744年3月，苏富比举办首次拍卖会，拍卖标的是某贵族遗留的数百本书籍，拍卖成交额826英镑。1766年12月，佳士得举办首次拍卖会，拍卖标的是某贵族遗留物89件，拍卖成交额176英镑。在两大拍卖行成立前后，一些目前在世界上享有盛名的拍卖行相继问世。从英国伦敦到德国汉堡，从奥地利维也纳到美国费城，功能齐全的新型拍卖行大量出现，拍卖市场初步形成。荷兰以拍卖农副产品见长；

英国以拍卖艺术品、马匹、羊毛、茶叶见长；美国则主要拍卖欧洲的生产资料等。此外，拍卖法规也逐渐完善，1677年，英国《禁止欺诈法》中已含有拍卖条款："拍卖商可代表卖方和买方签署经双方要求或为顾及双方利益而设立的任何合同，以便合同之履行。这类合同涉及土地或商品拍卖标的之价值，当在10英镑以上。"1845年，英国出台《货物买卖法》；1867年实施《土地拍卖法》；1893年又在《货物买卖法》中设立拍卖条款。1901年美国在《统一商法》中明确设立拍卖条款。欧美国家的拍卖业开始进入极盛时期，英国伦敦，德国汉堡，奥地利维也纳，荷兰阿姆斯特丹，美国的波士顿、纽约和费城，出现大量功能齐全的新型拍卖机构大量问世，悬挂独特的拍卖标识 —— 蓝白方格拍卖旗的门店四处可见。

东方拍卖一种初始形态 ——"唱卖"，发端于古代印度佛教处分亡僧遗留衣物的制度。亡僧遗留衣物的"分受"对象亦即"竞买人"，是寺院的僧众；寺中的僧众要通过三次"益价"性的唱卖来竞买。以增值的形式向寺内出让这些亡僧的遗留衣物，集合僧众而竞售让渡之，称为估唱、提衣、估衣，或称卖衣。唐代以后中国寺院"唱卖"，中国传统商业活动中的"估衣业"，出让对象主要还是寺院的僧众，而上述则属于开放形式的市场交易活动。清代以来的拍卖和"卖叫货"。专事以拍卖作为主要经营活动的拍卖业，在中国出现得比较晚。清道光元年（1821年），英国的东印度公司发运的一批印花布在广州拍卖脱手，这是有关中国拍卖业活动的较早的文献记载[1]。清末裴荫森《购置练船疏》中所写道的，"其船托英商天裕秧行拍卖，洋平番银四千元"，以及郑观应《盛世危言·银行下》中谈到的，"合同各执，载明气先，如过期不换，即将所押之物拍卖偿抵"，均反映了清代末年我国才引进并接受了西方的"拍卖"做法。据《津门纪略》卷九的记载，当时津门业已出现了由外商主持的、俗谓之"卖叫货"的拍卖行。书中《洋务门·叫卖》记述说："拍卖亦曰'叫卖'。凡华洋家什货物，俱可拍卖。先期粘贴告白，定于某日几点钟，是日先悬旗于门。届时拍卖者为洋人，高立台上，以手指物，令看客出价，彼此增价争买，直至无人再加，拍卖者以小锤拍案一声为定，即以价高者得货耳。俗名'卖叫货'。"

鸦片战争后，中国开放广州、厦门、福州、宁波、上海五处港口，而其中上海则是中国拍卖行的发源地，中英《南京条约》后，中国历史上的第一家拍卖行，英国一家大拍卖行于清同治十三年（1874年）在上海开设的子公司 —— 鲁意斯摩拍卖公司成立。两年后，亦即光绪二年（1876年），第一家由国人创办的拍卖公司也在上海注册开业，开创了中

---

① 曲彦斌.中国拍卖业的源流轨迹探析.社会科学战线 [J] 2005

国拍卖业的历史。随着上海商业地位的日益突出，市内国人效仿洋人从事的拍卖活动逐步兴起，国人创办的拍卖行也应运而生，并渐成规模，其鼎盛时期多达二三十家。

1949年中华人民共和国成立，国家实行计划经济体制，带有市场经济特色的拍卖行已没有了生存的条件。国家按前苏联模式推行计划经济，产品实行统购统销，几乎所有的商品都严格限价。并且，在当时的社会环境之下，拍卖制度被视为资本主义事物而遭到否定。建国初期，上海尚存25家拍卖行；1956年时，北京还有一批拍卖过木材等的拍卖行营业，之后，拍卖行经"公私合营"后转业。1958年，旧中国遗留的最后一家拍卖行在天津关闭，拍卖业的旧时代终结。

1986年，作为全国改革开放前沿"阵地"的广州，率先在全国成立了第一家拍卖行，从而拉开了中国拍卖业尝试复出的序幕。20世纪90年代初，国家通过颁布《文物拍卖试点管理办法》《文物拍卖管理暂行办法》，以及之后的《艺术品市场管理规定》《拍卖市场管理办法》等使得艺术品拍卖逐渐趋于程序化和合法化。1995年，中国嘉德、北京翰海、北京荣宝、中贸圣佳、上海朵云轩、四川翰雅6家公司作为国家第一批拍卖文物试点单位获得批准。1990—1997年迎来第一个艺术品拍卖高潮，拍卖成交额逐年上升，拍卖门类也相应增多。《中华人民共和国拍卖法》于1997年开始实施，中国文物艺术品拍卖进程经过高速发展步入行业规范的市场调整时期。

截至2020年12月底，全国31个省（区、市）及新疆生产建设兵团共有拍卖企业8565家，有分支机构262家。我国拍卖行业从业人员人数较为稳定，拍卖企业职工总数均在60000人以上，注册拍卖师数量均在10000人以上。2020年，注册拍卖师11680人，拍卖行业职工总数超过63000人。2020年前后，新冠肺炎疫情迅速蔓延，文物、艺术品拍卖市场规模收缩，以线下拍卖为主的拍卖业务也受到了严重影响，其中2020年第4季度全国拍卖企业拍卖成交场次29539场，较2019年同期增长了14.16%，但是收入、利润水平持续双双下降，平均佣金率创历史新低。

中国藏品拍卖市场曾以"亿元时代"的高调姿态，开始资本化进程的脚步，而今已然消退。严格来讲，收藏不应该对接消费升级，而应该是资产管理，拍卖本质属性所涉及的是藏品价值，它实际上是一个由很苛刻的文化判断所决定的投资命题。收藏市场背后的原因极其复杂，关乎历史遗留、时代境遇、人性欲望，每位登高者在成功之时，要准备好接纳刺骨的严寒，最终才会享受到希望的曙光。

第五节　收藏：传统与传承

收藏是人类保存和发展文化的一种活动。

收藏活动及其藏品，往往体现出一个时代的生产力和社会经济状况，印证着当时的科技水准和文化风尚，而且会从一个直接的角度标示出其时人们的审美趋向。

中国有收藏的传统，从考古发掘和文字记载来看，殷商时期就已有收藏活动。河南安阳殷代各期遗址中，特别是在居住区和手工业区遗址内，曾发现许多灰坑，坑壁规整并有抹草泥者，推测是储藏用的窖穴。《尚书·顾命》记述周成王祭奠仪式中井然有序的物品，陈设中有舞衣、大贝、赤刀、弘璧、雕玉以及种种宝物，凡所陈列皆像周成王生时，这是文献记载最早的收藏事件。《尚书·旅獒》中诫人，谓"不役耳目，百度惟贞，玩人丧德，玩物丧志"，可见"玩物"在周代已颇成气候。周代王宫珍品收藏之处名曰"玉府""天府"，有专职官员藏室史负责管理藏品，老子就曾任"周守藏室之史"。春秋时期列国的交往中，玩赏之物已经占据了很重要的位置。《左传》中不时提及各国常以宝物搞外交或行贿赂，涉及名物宝器的品类不少。孔子死后，"鲁世世相传以岁时奉祠孔子冢 …… 故所居堂弟子内，后世因庙藏孔子衣冠琴车书，至于汉二百余年不绝"，汉代史学家司马迁曾"适鲁，观仲尼庙堂车服礼器""观孔子之遗风"。春秋战国时期，书籍的收藏和流传的增多，有助于当时学者们聚徒讲学，开展学术讨论，著书立说。后世私家藏书之风由此而兴。战国时，甚至出现了专事盗墓窃取随葬宝物的。"又视名丘大墓葬之厚者，求舍便居，以微扣之，日夜不休，必得所利，相与分之。"盗墓之风猖獗，严威重罪不能遏止，厚葬又进一步助长了盗墓风气的蔓延。汉武帝"建藏书之策，置写书之官，下及诸子传说，皆充秘府"。南朝诸帝王多好学能文，宫廷收藏书画珍品的数量动辄以数十万计。梁元帝萧绎① 极嗜收藏，仅藏书一项便达到14万卷之多，内府收藏的书画精品更达到了一个顶峰。后西魏军围困江陵，萧绎见城池将破，"吴越宝剑并将斫柱令折""乃聚名画法书及典籍二十四万卷，遣后阁舍人高善宝焚之"。几朝皇帝所集中华文化之典籍，悉数付之一炬。西魏将领于谨在劫后余烬中捡得书画四千多轴，是为仅存的九牛一毛，这是中国文化，特别是收藏史上一大浩劫，是志小而糊涂之人的蠢行。

南朝收藏风气盛行，名迹买卖以致造假开始成为普遍现象。南朝宋明帝时曾奉诏编次二王书的虞和在《论书表》中就有书法名迹作伪的记载，当时造假手段很为高明，一是染色，二是作皱，作品真伪往往可以瞒天过海。隋唐代宫廷中

----

① 梁元帝萧绎（508年9月16日－555年1月27日），字世诚，小名七符，号金楼子，籍贯南兰陵郡兰陵县（今江苏省常州市武进区），生于丹阳郡建康县（今江苏南京）。南朝梁第四位皇帝（552－555年在位），梁武帝萧衍第七子，母为阮令嬴。天监十三年（514年）封湘东王，镇江陵（今湖北荆州）。太清元年（547年）为荆州刺史。侯景之乱时拥众逡巡，杀信州刺史桂阳王萧慥于江陵，又与湘州刺史河东王萧誉相互攻击。侯景举兵西进，败于巴陵（今湖南岳阳），萧绎乃命王僧辩讨之。大宝三年（552年），侯景之乱平息，武陵王萧纪称帝于蜀，萧绎亦在江陵即位。次年，武陵王率众东下，至西陵，为其所败。承圣三年（554年）冬，雍州刺史萧詧引西魏兵来攻，江陵被围，萧绎烧所藏图书十余万卷，城陷被杀。追尊为元帝，庙号世祖，葬于颍陵。江陵城破后，他命人将宫中十四万卷藏书全部焚毁，并哀叹道："文武之道，今夜尽矣！"被俘后，有人问他为何要这么做，答："读书万卷，犹有今日，故焚之。"王夫之写《论梁元帝读书》，"帝之自取灭亡，非读书之故""志定而学乃益，未闻无志而以学为志者也。"

收藏的书法名画数量大增。比较典型之事是，唐太宗李世民酷爱王羲之书法几至成癖，对其书迹的搜求不遗余力。社会中，贵族豪富竞相收藏书画名迹或古籍珍物，社会上各类美术品的流通和收藏都更显活跃，市井卖画风气已经普遍。书画藏品从唐代开始出现鉴藏印记，除朝廷藏品的"贞观""开元"等印章外，民间亦有用印、钤押的方式，已肇后世私家鉴印风气之先。

宋代是我国文物收藏和研究的一个高峰，明显标志就是收藏的庶民化、艺术化和商品化。当时汴京颇有名气的潘楼下面热闹非凡，大相国寺成为商贾云集的中心市场，成为古玩书画文物的专业市场。民间流行金石书画的赏鉴收藏，已有骨董① 行，"买卖七宝者，谓之骨董行"。士大夫竞相收藏，欧阳修收藏历代石刻拓本；李公麟收藏古代铜器，并对夏商以来的钟鼎尊彝进行研究，考定世次，辨别款识。赵明

---

① 古玩的旧称。记载最早见于北宋韩驹《陵阳集》卷三近体诗。送海常化士："莫言衲子篮无底，盛取江南骨董归。…… 乞得金多未为贵，归来著眼看家珍。"南宋吴自牧《梦粱录》卷十三"团行"一条中有："买卖七宝者，谓之骨董行。"民国赵汝珍《古玩指南》："…… 又谓骨者，所存过去之精华，如肉腐而骨存也；董者，明晓也。骨董云者，即明晓古人所遗之精华也。或者又谓：骨董云者，即古铜之转音。然骨董非皆古铜，似亦不近情理。"

诚①、李清照② 夫妇共同致力于金石书画的搜集和研究，所藏商周彝器及汉唐石刻拓本等共2000多件；米芾精于鉴裁，遇古器物书画，竭力求取，并多蓄奇石，为中国藏石之鼻祖。古代文物开始从士大夫手中的古玩变为有价值的资料，并且首开金石研究同古代文献的考订相结合的学风，涌现出一批有关文物研究的著述。当时文物的分类、藏品的登录等项目都达到了相当完备的程度。米芾所著《画史》《书史》，邓椿《画继》，周密《云烟过眼录》，官修《宣和画谱》《宣和书谱》《宣和博古图》等著录书籍看，其时朝野收藏都至为可观。

元代内府的收藏品，是在接收金及南宋内府大量收藏的基础上进一步搜求补充而得，可说南北宫廷的珍品秘藏荟萃于一处，其数量与质量都相当可观。书画藏品买卖的风气已经极为普遍，倪瓒"平生无他好玩，惟嗜蓄古法书名画，持以售者，归其直累百金无所靳。雅趣吟兴，每发挥于绿素间，苍劲妍润，尤得清致，奉币贽求之者无虚日"。

明代洪武年间，曹昭著《格古要论》，分为古铜器、古画、古墨迹、古碑法帖、古琴、古砚、珍奇、金铁、古窑

① 赵明诚（1081—1129），字德甫（一作德父），山东诸城龙都街道兰家村人，宋代著名金石学家、文物收藏家。左仆射赵挺之第三子，女词人李清照的丈夫。

② 李清照（1084—1155），号易安居士，宋齐州章丘（今山东济南章丘西北）人，居济南。宋代女词人，婉约派代表，有"千古第一才女"之称。

器、古漆器、锦绮、异木、异石等各种门类，所涉及的范围已很广泛，体例已堪称完备。明代商品经济的发达，收藏之风在民间蔓延，成了一种名副其实的时尚，董其昌《骨董十三说》在列举了种种收藏赏鉴把玩之后，特别强调说："人之好骨董，好其可悦我目，适我流行之意也。充目之所好，意之所到，不先于骨董也，至骨董而好止矣。"收藏之风的普遍、专业，收藏门类和品种远比前代丰富，连以往未在藏家视野之内的蟋蟀盆、香料之类物品，也成了一些人嗜之为宝的藏品。明代政局承平，经济发展超乎以往，赏鉴收藏之风流行已久，达官显宦富商大儒莫不通过各种渠道搜集自己所喜的珍品，出现了一批藏品甚富、眼光很高的大收藏家，如收有元明多家精品的王世懋、人称所收"冠于东南"的黄琳、工书画精鉴别的张孝思、精于目录学的叶盛、所藏善本碑帖更胜于"天一阁"的安国等等。

清代，无论是收藏还是对藏品研究，均超过前代，成为中国收藏发展史中一个重要时期。清高宗乾隆皇帝对文物搜求最力，历代珍品无不囊括，包括各种古代铜器、卷轴书画、宝石玉器、缂丝、拓本等，不胜枚举，成为帝王中古代文物的集大成者，并奠定了故宫博物院藏品的基础。乾隆皇帝嗜玉成癖，尤其喜好"三代"① 玉，还亲自进行古玉器的鉴别、定级，倡导对古玉的考证和仿古玉的制造，清宫遗存的古代玉器，多数是乾隆时期收集的。

清代的民间收藏也很兴盛，从贵族官僚到殷实富户，都以收藏古物为时尚。乾嘉朴学的发展推动了金石考据的研究，鉴赏文物之风兴盛，训诂考据成果璨然可观，又加上简牍、印泥、石刻、瓦当、甲骨及各种古物大量出土，更拓宽了考据、鉴藏、赏玩的范围，出现了一大批卓有成就的文物收藏家、研究者，收藏著述多有特色，皆称精博，并有体例多样的各种鉴藏著述问世，训诂考据成果璨然可观。②

中国向有"乱世藏金，盛世藏宝"的传统，近代以来，民间收藏古玩、字画、典籍的风气与以往相比有增无减，收藏热潮兴起，规模之大，人数之多，都是空前的。虽然每一个时代，收藏的热点不一样，收藏内容和收藏观会有所变化，目前收藏主要分为大众收藏投资、个性化收藏投资与产业化收藏投资三大板块，投资品种集中在钱币、邮票、书法、字画、贵金属、古玩、陶瓷器、老酒等，其中老酒收藏

① 三代，是对中国历史上的夏、商、周三个朝代的合称。"三代"一词最早见于春秋时期的《论语·卫灵公》："斯民也，三代之所以直道而行也。"该词一直到战国时期，都是指夏、商、西周。秦朝之后，"三代"的含义才开始包括了东周，并一直沿用下去。在周朝初期还有统称夏、商为"二代"的现象。

② 章宏伟.收藏的历史[J].文博，2013（05）：71-74.

成为新的热点。

随着国家经济实力的增强，财富阶层人数的快速增长，中国收藏市场迎来发展的新阶段，日趋理性的收藏态度、显著增强的欣赏水平和鉴别能力、日益国际化的视野使国内藏家在全球艺术市场的活跃度和影响力不断攀升。中国藏品市场在全球艺术品市场中有特殊地位，2020年成交价居全球前10名的高价拍品中有4件来自中国，分别是吴彬《十面灵璧图卷》成交价5.129亿元，任仁发《五王醉归图》成交价3.065亿港元，宋龙舒本《王文公文集》《宋人信札册》成交价约2.634亿元，常玉《绿色背景四裸女》成交价2.583亿港元。

国际上，艺术品等收藏投资其回报率之高，与房地产、金融并列认为是世界上效益最好的三大投资项目。收藏投资信息的普及与收益，使得藏家的结构越来越呈现年轻化、多元化趋势，这些新晋藏家形成了一股全新的力量正在影响着全球收藏市场的未来动向，除了以往常见的个人藏家之外，企业收藏是近几年来逐步发展起来的一股新兴力量，许多实力企业近年频现拍场，高调竞购收获心仪作品的同时，也能大大提升企业的品牌曝光率，企业收藏已经成为收藏市场的重要力量①，年轻藏家的参与度与日俱增，他们的审美趣味

① 张聿婷.中国艺术品收藏市场转向及原因分析[J].中国美术，2021（02）：110-115.

多样而灵活，新知识背景和价值取向深深地影响藏品市场的走向，使得收藏成为这个时代审美、消费、投资和资产配置的重要选择。

第六节　酱酒及酱酒收藏

　　赤水河[①]古称鳛部水，中下游流域是古鳛部，中游河谷地带是今天酿造酱香酒的核心产区。古鳛部酿造史可以追溯很远，目前文字记载到汉武帝时期，这也是开发西南夷的最早时间。从赤水河近年境内出土的文物中，有相当部分的商周、唐宋、明清等各个时代的酒具。至明末清初，以大曲参

---

　　①　赤水河系长江支流，流经云贵川三省交界处的昭通、毕节、遵义、泸州四市，是长江上游重要生态屏障和珍稀特有鱼类自然保护区，同时也是知名的酱香型白酒产地。赤水河为长江上游右岸一级支流，发源于昭通市镇雄县赤水源镇银厂村，流经云南、贵州、四川3省4市（州）的16个县（市、区），干流全长约500公里，流域面积约2万平方公里。赤水河是长江上游唯一一条保持自然流态的一级支流。在2021年云贵川三省联席召开的协作推进会上，以"生态优先·协同发展"为主题，通过了《2021年中国赤水河流域生态文明建设协作推进会遵义共识》：通过协同联动和创新机制，构建起赤水河流域共抓大保护新格局，继续共同促进赤水河流域生态环境不断改善，坚定不移把赤水河打造成为名扬天下的生态河、美酒河、美景河、英雄河。

与糖化、发酵、蒸馏取酒的茅台酒工艺日趋成熟，在继承和发展中不断完善，逐步形成的酱香酒传统工艺，至今仍完整沿用。

中华人民共和国成立后，为了振兴酿酒工业，轻工业部在1952年举办了首届评酒会。但因为当时对酿酒没科学深入地研究，只能根据"品德优良""广受好评""历史悠久"等条件来评选知名白酒。随着酿酒技术的不断提升，相关研究人员发现，虽然都是白酒，但由于原料、工艺、发酵设备的差异，酿制出来的白酒差异也很大，白酒评比需要分门别类。20世纪60年代，由茅台酒师李兴发带领的工作组，分析并确定茅台基酒为"酱香""醇甜""窖底"三种类型，形成了酱香型酒工艺特点的评比标准。到了1979年第三届全国评酒会时，白酒分为5种香型：酱香型、浓香型、清香型、米香型和其他香型，不属于前4种香型的白酒都统称为其他香型，并且确立了各香型的风格特点，由此"酱香"和"白酒"结合而成"酱香型白酒"，认为贵州茅台酒工艺技术是最独特的大曲酱香型酒工艺。

酱香型白酒中各种芳香物质含量都比较高，种类多，香味丰富，是多种香味的复合体。其中，香味又分前香和后香；前香主要是由低沸点的醇、酯、醛类组成，起呈香作用；所谓后香，是由高沸点的酸性物质组成，对呈味起主要作用，是空杯留香的构成物质，一只装过茅台酒的空杯子，其留香可半月不散。

　　中国白酒在存放过程中，会产生多种酯类物质，就是俗称的"醇化"过程。各种酯类会产生各种特殊的香气，但这种醇化较为缓慢。"白酒中能散发芳香气味的功臣是乙酸乙酯，新酒里它的含量微乎其微，酒中的醛、酸不仅没有香味，还会刺激喉咙。所以新酿的酒喝起来生、苦、涩，而在自然窖藏陈酿后，酒里的醛不断的氧化为羧酸，羧酸再和酒精酯化，生成具有芳香气味的乙酸乙酯，使酒质醇厚，产生酒香。"酒越陈越香的"陈"，用专业酿酒术语来讲是"陈酿"，或叫"陈化"，意思就是将新酿制的酒放置一段时间再饮用，很多酒类都要求有一定的陈酿时间。有的名酒陈化往往需要几十年的时间，在这个过程中，对贮存的容器、环境和方法都有很规范的要求。在密封的酒容器或酒瓶中存放白酒，如果在合适条件下储存期足够长，里面的醇和酸会发生微量反应，生成酯类香味物质，达到一种微平衡，酒就更香。但是，有些白酒在生产过程中，会添加香料，可能会在长时间储存后，香料发生变化，最后酒的味道也发生了变化。酒精度40°以下的低度白酒在存放一段时间后出现酯类物质水解，并导致口味寡淡。如果是液态法或固液法配制的白酒，由食用酒精和香精勾兑的白酒，不会出现纯粮食白酒越存越香的情况，只是时间储存久了，里面的酒精会水解，度数降低，所以喝时候会有口感更柔和的错觉。另外，如果开瓶或密封不好的白酒，其口感可能随着时间会变淡。因此，白酒通常是存放时间越久越好，但须是以纯粮酿造的高度白酒最适宜久藏，低度酒和"勾兑"酒就不易久藏，也不宜收藏。

在中华历史长河中，酒长期占据着政治、经济、文化等领域的重要地位，它属于物质，但又融于精神生活之中，几乎渗透到社会生活中的各个领域。中华人民共和国成立后，茅台酒在国家最高层领导者的关怀和青睐下，在新中国的政治舞台上扮演了重要角色，传奇轶事人尽皆知。茅台作为酱香代表，飘香世界而誉满全球，成为世界认识中国的一个窗口和传播友谊的纽带。酱香酒文化传承和发扬了生态健康的生活方式和文化内涵，在民间，有政治酒、贵族酒之称。随着市场份额不断扩大，品牌知名度和美誉度越来越高，酱酒的发展迎来新的轨迹，不少酒界巨头纷纷投入巨资涉足酱酒市场，酱香白酒成为我国白酒最有机会、最具竞争力、最具财富效应的品类，收藏酱酒成为一种社会普遍现象。

酱酒的收藏投资策略，可以选择合适的酒文化主体产品作为投资对象。投资者可选择发行量比较小、工艺水准高、年代比较久远，并有历史纪念意义的酒产品，这样的酒升值潜力比较大。瓷器和金属材质、玻璃的材质的瓶装酒也具有收藏价值。收藏的渠道除从商店买来现成的成品酒外，还可以参加各种农展会，往往可以收到商家推出的特别促销装的品种。从1952年到1989年，国家共组织了5次全国范围的评酒会，先后评选出了十七种国家名白酒，涵盖了我们常说的"四大名酒""八大名酒""十七大名酒"，这些国家名酒历史悠久，质量稳定可靠，是老酒收藏的第一线。这个时期，正值计划经济，各酒厂并非以经济效益为主，甚至在生产上不考虑产量、不管成本，反而成就了好酒。

酒的收藏有比较丰富的文化内涵，不只是各种酒品的收藏，还可以有各种酒具、酒器和酒的文化衍生物品的收藏。酒具主要包括与生产酒及其成品酒有关的各类器具，如酒瓶、酒壶、酒杯、酒盅、酒盖、温酒器具、取瓶盖器具、酿酒用具、造酒工艺流程模型及其沙盘等。此外，围绕各种酒的具有收藏价值的物品，如酒版（酒版即是"样品酒"的意思。它是酒类酿造商们为了方便人们品尝和了解酒的口感内质，用小瓶盛装的样品酒）、酒标、说明书、包装盒、广告宣传单等宣传资料收藏以及有关酒的荣誉证书、获奖证书奖杯、奖章、奖品等与酒商品直接关联的物品，以及各类酒文化著作、摄影图片、艺术设计图片、具有酒文化内涵的工艺美术品、录音录像带光碟、娱乐玩具（如扑克牌、火花邮票、电话卡等）。从文化传承及其收藏文化角度看，非物质文化形式的收藏甚至超过了酒的实物收藏本身，而成为酒文化收藏的灵魂。[1]

中国的假货向来屡禁不止，酒不开瓶辨真伪，是鉴定收藏老酒必须具备的功夫。鉴定老酒一是需要知识，要对各种酒的商标史、包装史了如指掌；二是需要足够的经验，要多练手。对于具体的产品知识，以酱香酒代表茅台为例，要知道该企业从1950年起，几十年来共使用了多少种商标，哪些用于出口，哪些用于内销，用的是什么材质的纸张、什么油墨印刷的；要知道这些商标分别使用于哪些具体年份。再细一些，不同的年份，茅台酒商标的图案、尺寸都是不同的，哪怕是微小的不同也需要熟练掌握；在包装上，共使用过多少种瓶子，瓶子的大小尺寸和材质也有不同；还有酒标和背贴，不同年份上的文字、尺寸也有不同；更重要的是瓶口，如果是旧瓶装新酒，瓶盖就是鉴定真伪的核心。以茅台酒厂为例，20世纪50年代的茅台酒封口比较特殊，使用的是软木塞，外包猪尿泡封口；20世纪60年代后，采用的是塑料塞外拧塑料盖或金属盖，外面再用塑封的办法，期间的一些年份还使用了飘带。这些塑料盖以及塑封皮子在不同的年代颜色也有不同，大小高矮也有不同。还有外包装，有的时期有盒，有的时期无盒，有的时期仅仅用一层棉纸包装，而棉纸包装也有讲究。后来，茅台酒瓶口使用了意大利进口

---

① 胡付照.论酒文化收藏的经济价值[J].酿酒，2009，36（06）：96–97.

的先进技术，瓶口采用了喷码的技术显示日期。了解了这些基本知识后，还要熟悉长期以来茅台酒本身的防伪技术。如此，见到一瓶老茅台，不用开瓶，也就能基本判断出真伪了。①

"茅台之上，唯有老酒"。中华饮食文化源远流长，老酒作为能喝的古董，越来越被"食不厌精"的老饕和"贪杯"者们发掘和消耗，剩下的价值只会越来越高，酒从收藏的价值的角度讲究的是"历史与稀缺"，而从品鉴饮用的角度讲究的是"酒质与陈化"，陈年酱香白酒的独特价值在于（依据年代与品种的区分）既具备收藏与投资的价值，又更兼具实用的亮点——独一无二的饮用品鉴价值。② 当下中国收藏家协会官方及所有的艺术品拍卖公司，均已认定老酒收藏的门类及作为专场拍卖的品种项目，另外全国各地已经有大量的收藏爱好者和收藏组织逐渐转向并渗透酱酒领域。

酒界收藏有句俗话：酱酒三分酿，七分在于藏。白酒是距离中国百姓大众最近的一种生活产品，群众认知度高。从收藏的角度，老酒是最具群众基础的收藏项目。"当酒成为一种收藏品，也就意味着，在它作为饮品的使用价值以外，必然会被赋予更多的文化价值。中国的酒文化历史悠久，千

---

① 《茅台酒瓶封口的变迁》，https：//www.sohu.com/a/121441939_527332 2016-12-13 16：04

② 《历史与酒质：收藏老酒就是收藏能喝的古董和中国文化》．

年的传承始终与华夏历史同步，它的身影不论在任何时代，都渗透在社会生活的各个领域，所以它已不仅仅是一种客观物质的存在，而是一种当代文化的筵席，民族的象征。"[1] 酱酒收藏的不仅仅是一瓶酒，是传统文化的现代生活之旅，是高品质美好生活追求的一种文化象征。

以藏识礼，以藏见美。

---

① 《名酒收藏背后的感性与理性》，网易酒香.2014-06-04 15:14:27
https://jiu.163.com/14/0604/15/qTTGIKOJ008241NZ-all.html.

第三章

习酒

第一节　君品之藏

饮酒是人类漫长的一个习得过程。

酒精的历史比人类还早，从基因层面来说，人类和最接近人类的灵长类动物在1000万年前都具有乙醇脱氢酶4（ADH4），也就是说，在1000万年前，人类体内就能够分解酒精。人类进化出这样的能力，与酒精在生活中的作用有关——熟透了的果子或者蜂蜜都含有大量的能量和卡路里，充分的糖分自然发酵后，形成了具有特别气味的酒精，经过挥发，传播到自然界空气中。人类的祖先利用酒精的气味，来寻找到这些发酵好的含有大量糖分的食物。对于人类祖先而言，自然发酵形成的酒精的味道，就意味着食物，食物即意味着生存。因此，这种刻在基因里对酒精的喜爱和依赖，是无法用嗅觉或者味觉简单进行解释的。

除了食物能量之外，还有别的原因，自然界里，植物会为了防卫草食类动物而进化出生物碱。食草类动物吃了这些植物会眩晕、失去方向感甚至神经麻痹。然而，食草动物仍旧会吃这些植物，而且会故意吃这些植物，让自己处于危险之中，这和趋吉避凶、让自己最大限度远离危险，一切以存活为进化目标的达尔文进化论背道而驰，安德鲁韦尔认为，这种不符合常理的行为源于生物的某种基本生物性需求。以人类举例，儿童喜欢自己转圈圈把自己搞晕，从而短暂"失去自己"；成年人的世界里，宗教的教堂、庙宇和一切冥想行为也都是为了让自己短暂与世隔离、"失去自己"，从而达到消除自我的中心意识。除去心理学家从精神心理层面的事后解释，从基本生物层面上来说，人类似乎本能的追求本我，超我，甚至无我的境界。然而，宗教、毒品等能使人短暂地达到这种境界，但是成本代价太高，人类发现了能够更便捷更快速达到这种忘我的状态从而满足这种基本生物性的"食物"——烟和酒。① 心理学认为，动物如果处于囚禁的状态，比野生自由的动物更容易食用麻痹神经的植物。人类也适用这个理论，即当人类越渴望自由，压力越大，越容易通过烟、酒等麻醉性消费品来满足暂时"失去自我"的生物性，这就是酒和人类生物性、本性的直接关系。此外，生物学家认为，诱发幸福感的神经传导素非常吝啬，一般分配在

---

① 孙学军.人类为什么喜欢喝酒[N].中国科学报，2015-6-16.

繁育后代的相关事情上，而酒可以通过各种复杂的分子欺骗脑部的神经传导中枢，使得多巴胺系统短暂失灵，释放出比清醒时刻更多的幸福感，这就是为什么人喝完酒后会有飘飘欲仙的短暂幸福感。喝酒在某种程度上能陶冶人的情操，让人更能感受到斜风细雨和豪情万丈的情绪，获得快乐，释放压力和减轻痛苦；用另外的话来说，喝醉之后，人能见众生，见天地，见自己。

但是，在持续摄入一定量的酒后，人就会形成生物性上瘾，即为了舒服而使用，如果一段时间不使用，就会感觉不舒服。因为生物性的奖励机制会强化这种"舒服"的惯性，大脑同时也在强化喝酒这种习惯。所以，有意控制每次摄入量以及经常练习和自己的人性做抗争是唯一解除上瘾的方法。长此以往，基于基因和生物性，人对酒越发喜爱和无法自拔，所以才有了之后人类社会的限酒令。但人之所以为人，之所以可以构建起整个有秩序的社会，是因为人拥有可以自我反省、自我控制的属性。人喜欢喝酒，但同时也会节制醉酒，这也是人类和普通动物的一大不同。

个人喜欢喝酒，放大到群体饮酒，就会形成社会需求。这样的需求，除了酒的生产、销售之外，还涉及酒的收藏。从收藏的角度，酒只是藏品中的一类，有其特殊性，也有共通之处。在中国传统文化中，有一个说法：七十二行，收藏（古玩）为大。以收藏为首，其原因，可能是在收藏里，体现一种"真正的平等"——按民间说法：乾隆皇帝不怕别的（喜欢游山玩水，民间私访），但怕收藏行家三分——意思是说，在收藏这个行当里，佩服的不是身份，佩服的是有眼力和道行的人。

收藏行当，与日常商业店铺有不同，祖师爷范蠡[①]，最早提出粮食布匹十分利、中药当铺百分利、古玩收藏千分利。收藏能挣钱，但是一个新手从幼稚走向成熟，须懂得这些由历代收藏家们总结出来的经验，学习众多关于收藏的规矩，才能在收藏行业里左右逢源。收藏的规矩极多，大概与涉足此行的人员的特殊性有关。历来混迹古玩界的人士不是王公贵族，就是商贾巨富或者文人雅士，均是非富即贵的阶层。大家深知此行标准不好明确，识者是宝，不识是草，比的是眼力。不同的人有不一样的眼力，对藏品就有不一样的价值评判，所以才会经常出现"打眼""捡漏"等现象。

第一个特别的规矩，是"货不过手"。不过手，指古玩特别是瓷器和玉类，包括酱酒收藏的产品，一般是不能手与手之间传递。如果对某样藏品感兴趣，想上手看，一定要等别人把东西放下，才能去拿起来观看。看的时候一定要拿

---

① 范蠡（公元前536年—公元前448年），字少伯，华夏族，楚国宛地三户（今南阳淅川县滔河乡）人。春秋末期政治家、军事家、谋略家、经济学家和道家学者，越国相国、上将军。曾献策扶助越王勾践复国，兴越灭吴，后隐去。著《范蠡》兵法二篇，今佚。范蠡为中国早期商业理论家，楚学开拓者之一，被后人尊称为"商圣"。

好，看完不要把东西递给其他人，而是放在桌面上。如果直接去接，藏品掉落在地坏损，责任很难划分清楚，双方都很麻烦。如果东西是几个部分，还得注意要拆分开看，以防疏忽，部分部件掉落打碎。不同的器物有不同的拿法，如果发现对方上手方法不合规矩便被视为外行，行家不会拿出其他古玩供其欣赏，也不会进行交流或交易。作为店家，摆在明面上的是给不懂古玩的爱好者看的，摆在暗处的是给行家看的，摆在保险柜里的是给真正眼力买家看的。有没有机会上手真货，行家也好，藏家也好，主要取决于道性和眼力。眼力好而道性不好也都隔着层，不一定拿出来让买家上手。藏品多是娇嫩易损之物，货不过手作为非常重要的一个规矩，是双方对彼此的保护与尊重。

别人交易时保持沉默，这个规矩称作"旁观不语"。当有买家将看中的商品拿在手中与卖方商谈时，其他对此商品也有兴趣的买家不能在旁发表任何意见，也不能参与竞买，应保持适当距离等待。双方讲价，实际是一个心理较量的过程，外人掺和，交易双方都紧张，而且交易信息泄露，容易造成各种纠纷和误解。如交易未成，商品被放回原处后，方可上手与卖方商谈。此外，打听成本是圈内忌讳，藏品通常都具有保值增值性，深究卖家当初买进的价格，其实没有任何意义，买家需要考虑的是衡量同类物件当前的市场行情。过去古玩行看货自古不问来路，再怎么问，持有人也绝对不会说实话。如果商品被买方损坏，自然包赔，但价格会有商量，货主也会作出适当让步，但不会低于成本价，破损商品归买方所有。买家也许买假买贵，卖家也许卖漏卖低，买卖双方都承担着一定的风险，忌讳买方退货与卖方找后账。藏品交易不单纯是价格上的较量，也是知识和人品的较量，藏品，实质是收藏者基于其价值观下的实物呈现，以物承志，以物载道，以物识人。

中国历史上有句俗话，叫"得天下容易，守天下难"，收藏也是这个道理。收藏，不是纯粹占有，而是一个鉴赏、研究、利用的过程。"藏古不富，识古不穷"，是说一个人只会收藏好的藏品，而不发挥藏品应有的作用，那么他不是真正富有的人，只有那些能够真正懂得识别和欣赏藏品的人，才是富有的。起于私，而归于天下，收藏品的聚与散，收藏观的封闭与开放，不应以传之几代为衡量标准，而应看藏品的价值能否充分展示和利用，在研究、把玩之余，藏品重新恩泽社会，藏家所得到的不仅是经济上的收获，还会得到超越于物我之上的平静与舒畅。《道德经》①说，"天之道，利

---

① 《道德经》，春秋时期老子（李耳）的哲学作品，又称《道德真经》《老子》《五千言》《老子五千文》，是中国古代先秦诸子分家前的一部著作，是道家哲学思想的重要来源。《道德经》文本以哲学意义之"道德"为纲宗，论述修身、治国、用兵、养生之道，而多以政治为旨归，乃所谓"内圣外王"之学，文意深奥，包涵广博，被誉为万经之王。《道德经》是中国历史上最伟大的名著之一，对传统哲学、科学、政治、宗教等产生了深刻影响。

而不害。圣人之道，为而不争""甚爱必大费，多藏必厚亡，知足不辱，知止不殆，可以长久"。

第二节　企业发展史

　　赤水河在川黔交界的崇山峻岭中蜿蜒奔行，酿酒企业星罗棋布，被人们称为美酒河。自有史记载至今，在这片温润雄伟险峻的环境里，酿酒历史已有2000多年。明清两代，赤水河盐运业进一步推动了沿岸酿酒行业的繁荣，诗人描绘赤水河上的景象，"家唯储酒卖，船只载盐多"①。

---

① 《咏茅台酒》清·陈熙晋（道光时仁怀直隶厅同知）：村店人声沸，茅台一宿过。家唯储酒卖，船只载盐多。蠢蠢青杠树，潺潺赤水河。明朝具舟楫，孤梦已烟波。

明清殷罗酒坊时期

（1949年之前）

这里是亚热带湿润河谷气候，气候炎热、空气湿润，适宜酿酒所需微生物的生长，山腰上盛产的小麦、高粱等粮食作物，以及甘美的水源，为酒坊发展提供了得天独厚的自然条件。进入明清时期，盐运兴盛，仁怀、习水一带，土法酿酒遍及全境，逢年过节，婚丧嫁娶，特别是重阳佳节，几乎是家家造酒，处处芳香。

《世本》记载："周武王克纣，子孙分散，以殷为氏。"周灭商后，作为商王室的后代，殷人主要在北方活动，后逐渐扩散至长江中上游，部分到达今赤水河流域定居。历史上迁入今习酒镇的殷姓人家，所居地名为殷家寨，离赤水河二郎滩步行半个时辰。殷家寨居于山腰，良田沃土甚多，物产丰富，山脚的二郎滩头，天气炎热，坡陡路窄，土石荒焦，不宜耕作，但是水道交通，有适宜酿酒的清泉洌水。殷姓人家迁入当地，在二郎滩头黄金坪的一口古井旁边，请当地酒师，兴建起酒坊。作坊既是生产车间，又是库房，一眼得见真功，酿酒生产过程中都有大量的糠壳酒糟，是喂养家禽、家畜上佳饲料，每逢赶场天，十里八乡的人们都会前来购买，酿酒师傅掌握制酒的技术，让人津津乐道，广为传闻。

西南濮人① 善酿，北来殷人乐饮，酒坊之酒，口味醇香，浓冽厚实，加之价格公道，待客实诚，在赤水河两岸声名鹊起。随着生意兴隆，酒坊不断扩大，山上的田土地产也不断增多，殷族人在殷家寨盖起了当地少有的"三合头"（三面有房、围成院落）大房子，在黄金坪扩建起四合院酿酒槽房，几进几出，甚是兴旺。在明末清初的时候，此地殷族人迁出殷家寨，将房田地产都卖给当地大族，业下酒坊，转给罗姓人家经营，代代相传，直至新中国成立初期也未停业，当地人称"殷罗酒坊"。②

① 濮（pú）人，又称"僰（bó）人"，是先秦时期中原华夏诸族对其西南诸族的统称，即今云贵高原及川渝南部地区诸民族。

② 王临川.《君风十里 —— 习酒文化漫谈》[M].北京：九州出版社，2021.

仁怀茅台分厂时期

（1952 — 1965 年）

此阶段，以中华人民共和国成立后发展新酒业为起始时间。

新中国成立后，百废待兴。政府与人民对国家建设满怀憧憬，热情高涨。仁怀县工业局为发展酿酒业1951年组建国营茅台之后；1952年组织有关人员从茅台镇沿赤水河顺流而下进行考察，来到回龙区郎庙乡黄金坪，发现这里水质优良，气候适宜，是一个理想的酿酒之地，于是选定在此兴办酒厂。但由于多方面的原因，筹备工作断断续续进行了5年。

1957年，仁怀县工业局在二郎滩原殷罗酒坊的基础上，在郎庙乡黄金坪村购买了罗氏家族罗清云、罗纯德、罗发奎三家民房，招募工人办起了酒厂，抽调茅台酒厂生产副厂长邹定谦负责主持生产。该厂以所在地命名，称为"仁怀县郎庙酒厂"。该厂有工人50多人，采用茅台酒生产工艺，产品名"贵州回沙郎酒"（散装），年产量约100吨。产品在当地市场畅销。1959年9月，因为全国"大跃进"，大炼钢铁发展工业，农业生产被忽视，粮食大量减产，酿酒原料无处收购，郎庙酒厂不得不停产。1962年9月，国家经济开始好转，仁怀县回龙区政府决定重新创办酒厂，解决当地老百姓的饮酒问题。回龙区供销社派曾前德负责酒厂的筹建工作，一同前往的有蔡世昌、肖明清二人，厂名为"仁怀县回龙区供销社郎庙酒厂"，也称"黄金坪酒厂"。

习酒事业起势时期

（1966 — 1988 年）

此阶段，以习酒厂从仁怀县划归至习水县为起始时间。

1965年11月，原仁怀县回龙、桑木、永安三个区18个公社划归习水县管辖。随着行政区域的变更，原"仁怀县回龙区供销社郎庙酒厂"随之改为"习水县回龙区供销社郎庙酒厂"。1967年10月，根据习水县革命委员会财贸办公室文件精神，由县财贸工作组（县供销社、财政局、税务局等组成）主持将回龙区供销社郎庙酒厂移交给中国糖业烟酒公司贵州省习水县公司经营，企业更名为"中国糖业烟酒公司贵州省习水县公司红卫曲酒厂"（酒厂所在地郎庙乡已改为"红卫"公社），简称"习水县红卫酒厂"（地方国营），生产红卫牌习水大曲酒。

1969年，习水县商业局拨款1.2万元，首次扩建厂房，并正式投入习水大曲酒定型生产。该年年底人员增加到27人，在曾前德带领下，酒厂年产量达45吨。当年，实际完成122.3吨产量，创历年来最好业绩。

1976年5月，习水县红卫酒厂着手恢复量产酱香型大曲酒，并进行新技术的研制。1977年3月，这年，地方取消公社建制，"红卫"公社改名为"郎庙乡"。1980年8月，中共习水县委组织部（80）104号文件，任命曾前德同志、陈星国同志为习水酒厂副厂长；后又调原任回龙区区委书记肖登坤同志任党委书记兼厂长。这年，习水酒厂生产规模上升到500吨，职工达到200人。

1981年10月，习水酒厂实行经济包干责任制，根据各部门工作环节不同，采用多种形式。1982年，习水县政府对习水酒厂进行了重大人事调整，任命陈星国同志担任习水酒厂厂长。1983年，习水酒厂厂长陈星国提出了"苦在酒厂、乐在酒厂"的企业精神，提出了企业奋斗目标：习酒创金牌、大曲上批量、管理现代化、夺取高效益。

1985年7月，由贵州省作家杜若、伍本芸撰写解说词，贵州省电视台舒正湘、黄文素和熊明卿拍摄制作的专题片《酒乡明珠》完成制作并播放。8月，《习酒报》创刊，全国人大常委会原副委员长王任重为报纸题写"酒乡"二字，聘请《人民日报》社原社长秦川及各界知名人士魏巍、古月、罗开富、杜若、罗马、谭智勇等为顾问。

1988年，习酒酒厂陈星国、廖相培、母泽华，与习水县商业局、财政局签订承包经营合同书。同年，习酒形成年产浓香、酱香"双3000（千升）"规模，成为当时全国最大的酱香型白酒生产企业。

打造百里酒城（中国名酒基地）时期

（1989—1998年）

此阶段，习酒完成产品研发和工艺规范，实现基础积淀，开始大规划、大投入、大发展，达到历史高位。

1989年，习水酒厂发布1989年度经济责任制，习水酒厂对各科室、有关车间印发《习水酒厂商标管理制度》。1989年9月，习水酒厂厂长助理生产技术科科长易顺章荣获国务院授予的"全国劳动模范"称号。1989年11月7日，习府（1989）通报字07号文，习水县人民政府嘉奖习水酒厂，在全国第五届国家优质产品名优曲酒评比中，习水酒厂生产的习牌习酒荣获"中华人民共和国国家质量奖"，授予"国家优质酒"称号，为习水县夺得了第一块国家银质奖牌，争得了荣誉。习水县人民政府特嘉奖通报全县，一次性兑现产品创国优的习水酒厂奖金30万元。1989年12月，荣获习水酒厂荣获国优评发质量奖。

1990年1月9日，全厂职工浮动一级工资，浮动范围为1989年12月底在册的全厂干部、正式职工、合同制工、合同工。1990年2月15日，在贵州省质量工作会议上，习水酒厂获1989年贵州省质量奖。1990年5月4日，习水酒厂经过厂领导集体研究，习水县委、县政府小车不够用，将习水酒厂从郑州市二七糖酒公司接来的桑塔纳轿车送给习水县机关事务管理局（当时县委、县政府的小车使用属机关事务所管理局管理）。是月，习水县人民政府成立"组建习酒集团协调领导小组"，负责习酒集团组建工作。1990年8月18日，习水酒厂成立兼并向阳、龙曲、二郎、习林酒厂领导小组及工作组。1990年10月7日，习水酒厂建立企业管理研究所。1990年10月11日，习水县组建习酒集团协调领导小组批复（1990）字第04号，习水酒厂在加强质量把关的前提下，对龙洞、习窖、习部等厂的库存散酒进行收购。是月12日，习水酒厂成立大战四季度《快报》自办广播领导小组。1990年11月14日，世界卫生组织杰克·布森先生在卫生部有关专家和省、地、县有关部门领导陪同下，来习水酒厂参观作客。是月，成立习水酒厂关心下一代协会，习水酒厂成立干部职工互助储金会。

1991年2月，国务院总理李鹏在贵州省委书记刘正威、贵州省长王朝文的陪同下，来到遵义视察。遵义地委书记梁明德在工作汇报中，将以茅台、董酒、习酒为代表的遵义酒乡的优势向李鹏总理作了介绍，其间特别把习酒作为中国名优酒的后起之秀作了重点汇报。随后，梁书记在遵义宾馆举行了一次别开生面的茅台、习酒品尝会。工作人员在里屋将茅台、习酒分别斟在两个玻璃杯里，送到客厅请李鹏总理及随同视察的国务院常务副秘书长刘仲藜，航空航天部部长林宗棠，农业部副部长马忠臣，国家计委副主任陈先键，国务院研究室副主任杨雍哲和省、地领导进行暗评。李鹏总理现场参与，把两个酒杯反复闻、尝，最后将习酒品定为茅台。参加品尝的其他领导同志，仅有省长王朝文、地委书记梁明德分辨出了茅台和习酒，其他领导均将习酒认作茅台。品尝会结束后，李鹏总理称赞习酒不错，是好酒。梁明德书记在与陈星国厂长的电话中指出，习水酒厂的全体干部和职工，要把李鹏总理对习酒的赞誉作为抓质量，抓效益的动力，努力工作，更上一层楼。梁书记指出：习水酒厂1991年内要进一步提高习酒和习水大曲的质量，特别要加强对习酒的宣传。习酒的宣传和市场的开拓不仅面向内地，而且要面向沿海，面向国外。

由于规模的扩大和实力的提升，1991年，国务院企业管理指导委员会、国务院生产委员会核准习水酒厂晋升为"国家二级企业"。陈星国同志获全国"五一"劳动奖章和"全国优秀经营管理者"称号，同时获"贵州五一劳动奖章"和"四化建设标兵"荣誉称号。同年，习水酒厂进行了一系列公关宣传活动。一是习酒献西藏活动。西藏和平解放40周年庆祝活动在拉萨举行。习水酒厂特制习酒、习水大曲献给西藏自治区人民政府。中央政治局委员、国务委员李铁映和西藏自治区领导接见了习水酒厂组织的"习酒献西藏"宣传活动负责人谭智勇一行。二是大型图片展活动。在习水县城、习水酒厂两地，组织了综合反映建厂各个时期史实的

《难忘的历程，习水酒厂回顾影展》，展出艺术、资料图片600多幅，是习水县有史以来规模最大的专题摄影展览。三是拍摄电视剧。以习水酒厂发展历史为题材的八集电视连续剧《山之子、海之梦》在习水酒厂厂部办公楼会议室举行新闻发布会后，在二郎滩开机拍摄。同年，习水酒厂开始了公益慈善活动。习水酒厂先后捐资46万元，在双龙镇、仙源镇、回龙镇建立了3所"希望工程——习酒小学"。

1992年，是习水酒厂发展的鼎盛时期。习酒在"七五"技改成功的基础上，制定"八五"规划，提出将习酒厂区扩建为"中国名酒基地"，建成年产习酒1万吨，习水大曲3万吨的生产规模，预算总投资4.5亿元，经贵州省经济委员会、贵州省商业厅批准实施。当年从银行贷款1.4亿元投入扩建工程。1992年5月，习水酒厂名酒基地建设工程（第三期技改工程）启动，征用习酒镇1094亩土地，开始实施"三边工程"（一边设计、一边施工、一边生产）。

为解决交通运输问题，贵州省长王朝文、省经委总工程师张锦文一行在遵义地区行署专员申诚、计委主任蹇良臣、经委副主任夏永良陪同下来习水酒厂视察，现场办公，同意修建茅台——习水酒厂公路。

同年，中央电视台春节联欢晚会艺术团著名演员侯跃文、巩汉林、牛群、朱时茂、蔡国庆、解晓东、张咪、那英、杭天琪、李玲玉等37人由团长赵忠祥率领，来习水酒厂进行慰问演出。著名男高音歌唱家蒋大为也率解放军总政歌舞团来习水酒厂慰问演出。同年，习酒公司创新力度，大规模引进人才，在省内外招聘具有大中专学历的人才200多人（后来这批人才中留下来的几十人都成长为了企业的管理精英和技术骨干）。同年，先后成立"贵州省习水酒厂科学技术协会"，出版《习酒科技》内刊；成立"习水酒厂文联"，出版文学杂志《酒魂》；建立习酒电视台，开展新闻播报活动。习酒公司子弟校也出版正式铅字刊物《酒城校苑》（该刊物为季刊，坚持办到了1997年）。公司还成立"贵州省习水酒厂体工大队"，在省外引进招聘男女篮球队员。

这年，习酒公司举行若干重大活动。一是"千里赤水河考察"活动。考察路线经过赤水河流域黔、滇、川3省13县（市），对历史、地理、经济、文化等方面进行了综合考察，搜集、掌握了赤水河资源的有关情况。考察活动动用了中国人民解放军成都军区空军的大型直升机，引起了轰动。二是"习酒飘香重庆城"公关宣传活动。习酒总公司与遵义行署驻重庆办事处在重庆联合举办"习酒飘香重庆城"公关宣传活动，并举行新闻发布会。重庆市委常委市委宣传部部长滕文明到会讲话，重庆市常务副市长刘志忠、人民解放军13军副军长罗烈文等领导及《重庆日报》等新闻单位的400多位来宾出席了新闻发布会。三是"西北万里行"展销宣传活动。习酒总公司"西北 —— 中原万里行"一行34人，在总经理助理沈必方率领下，分乘6辆汽车，从习酒总公司出发，进行了为期52天的展销和大型系列公关宣传活动。活动中，向乌鲁木齐地方边境经济贸易洽谈会捐赠人民币80万元，并举行捐赠仪式。在新疆人民会堂宴会厅举行新闻发布会。在兰州市"1992年首届中国兰州丝绸之路节"进行了产品展销宣传活动。在西安市举行产品模型彩车宣传活动，并举行新闻发布会。在"1992年郑州全国糖酒秋交会"进行展销和公关宣传活动。在"中国贵州首届酒文化节"进行宣传活动，展示企业形象。四是与中央电视台联合举办了"'习酒杯'汉语风——外国人学汉语知识大赛"，实况录像先后在世界各地播出。五是在贵阳市少年活动中心举办了"习酒杯"全国围棋邀请赛。一系列大型活动，在酒界掀起了壮阔波浪。

1992年，习酒公司获得了众多奖项。在美国洛杉机举行的国际评酒会上，习酒获"金鹰"金奖，高、低度习水大曲分别获"拉斯维加"金奖和"帆船"金奖。在北京举行的中国名优酒博览会上，贵州习酒总公司产品习酒获得金奖；公司总经理陈星国获"发展中国名优酒特别功臣奖"。这一年，习酒公司生产能力达到了年产浓香型白酒10000吨、酱香型白酒5000吨的水平，总资产5.8亿元，职工4200多人。这一年，习酒公司产销两旺，各项主要技术经济指标达到有史以来的最好水平。当年实现产量10634.46吨，产值

15393.11万元，销售收入2.2亿元，完成税金4594.68万元，实现利润2355.6万元，在全国白酒行业创税排列第11位，在全国500家最佳经济效益工业企业中居388位。

1993年，习酒荣获布鲁塞尔世界金奖，酱香型低度习酒被评为"国家优质酒"。习酒系列产品荣获中国优质白酒精品推荐委员会"中国驰名白酒精品"称号，习水大曲系列产品荣获"中国优质白酒精品"称号。习酒总公司产品已获得4个"国优"名牌。公司荣获贵州省"特级明星企业"，获得奖金8万元。

1993年，陈星国总经理获全国"五一劳动奖状"和"全国优秀质量管理工作者"称号。同年，习酒公司召开中层以上管理人员会议，号召大家转变观念，开辟第二职业。部分高管中管人员响应号召，开办商场、干洗店、运输车、煤矿等第二职业。1994年，全国各地糖酒公司纷纷解体，失去原有销售渠道。经销渠道需要重新建立，习酒总公司为了适应市场变化，各地设立分公司，并提出营销方针：四高两限（高装潢、高价格、高投入、高利润，限渠道、限价格），点面结合，重点突破。1994年8月，习酒总公司为了摆脱资金困境，创立了"贵州习酒股份有限公司"。陈星国担任董事长、总经理，母泽华任监事会主席。由于入股企业皆是以债入股，股份公司实际并未募得资金，缓解资金困难的愿望完全落空。

1995年，贵州习酒总公司对机构进行重大调整，制定了"限产、压库、促销、清收、节支"战略方针。一是根据市场需要，调整生产结构。二是推行营销体制改革，强化销售技能。三是进一步深化人事工资制度改革。四是强化财务管理。五是组织追款小组，处理闲置资产，加速资金周转。从这一年开始，习酒资金周转极度困难，职工工资发放进入不正常状态。1996年，习酒总公司撤销了哈尔滨、浦东、温州、乌鲁木齐、长沙、昆明、长春、遵义、武汉等分公司和北京、毕节经营部；总公司生产基本处于停滞状态。

1997年5月，贵州省人民政府召开省长办公会，研究决定由贵州茅台酒厂（集团）对贵州习酒总公司实施兼并。1997年11月，根据省人民政府批示，贵州习酒股份有限公司予以解散。1997年12月，贵州习酒总公司正式解散。习水县人民政府下达任职通知，在实施兼并的过渡阶段，聘任茅台集团刘自力任贵州习酒总公司总经理，马应钊、李平为副总经理，领导公司生产经营，并负责处理贵州习酒股份公司解散的善后工作。

复归茅台转型升级时期

（1998 — 2020 年）

这一阶段，习酒复归茅台集团，直至实现百亿愿景目标。

1998年10月26日，贵州茅台酒厂（集团）习酒有限责任公司正式成立，作为贵州茅台酒厂（集团）公司的全资子公司，自主经营，自负盈亏。贵州茅台酒厂（集团）公司党委委员、副总经理刘自力出任贵州茅台酒厂（集团）习酒有限责任公司董事长兼总经理。新企业成立之初，企业提出"一年打基础，二年有起色，三年上台阶，四年大发展"的奋斗目标，制定了企业发展战略，着力打造茅台集团浓香白酒酿造基地 —— 贵州习酒城，培育中国浓香白酒强势品牌和贵州浓香白酒第一品牌。

1999年，习酒提出"无情不商，诚信为本"的企业经营理念，同时构建"全员营销"的管理模式，制定"以高价位树品牌，低价位开拓市场"的经营策略。这一年，习酒公司生产浓香型白酒1364.71吨，实现销售收入12013.91万元，实现税金2240.62万元，实现利润726.84万元，扭转了自1993年以来企业连续亏损的局面。2000年，习酒公司确立"巩固贵州、开发广西、重振江苏"的市场目标。2002年，习酒公司生产经营各项技术经济指标连续稳定增长。当年实现产量5754吨，产值1.57亿元，销售收入1.55亿元，税金3756万元，利润860万元，评为"2002年度贵州省优秀企业"。2004年，习酒公司荣获全国酿酒行业百名先进企业称号。2005年，习酒公司实行浓酱并举，主特兼顾，荣获第十一届国家级企业管理现代化创新成果二等奖。2006年，习酒公司市场建设步伐加快，打造五星习酒为贵州浓香第一品牌的战略业已收获成效，仅在贵州市场销售就实现上亿元。同年，习酒公司创建"习酒·我的大学"公益品牌，勇担社会责任，展示企业良好道德形象。当年向贵州团省委青少年发展基金会捐赠10万元。习酒公司和习酒公司销售公司双双进入全省诚信纳税百强企业，习酒公司获得了"贵州省五一劳动奖状""全国企业诚信经营示范单位"等众多荣誉。2007年，习酒公司经中国食品工业协会专家组审核获准使用"中国纯粮固态发酵白酒"标志。习酒公司评为"全国守合同重信用单位"，"习酒"注册商标被国家工商行政管理总局商标局认定为驰名商标。这一年，公司生产成品酒7808吨，完成工业总产值4.389亿元，实现销售收入34279.39万元，实现税金及附加8598.65万元，上交税金7841.16万元，实现利润2899.43万元，达到历史最好水平，成为茅台酒厂（集团）公司乃至贵州省最大的浓香型白酒生产企业；获得"2007年度全国食品信用和食品安全企业"称号。2008年，习酒公司荣获"中国酒文化百强企业""全国食品工业创新型企业"。2009年，习酒公司品牌价值被评为36.72亿元，荣列中国酒类品牌价值200强。

2010年，习酒公司董事长、总经理由茅台集团贵州茅台酒股份公司总经理助理兼酒库车间主任张德芹同志担任。习酒提出了"崇道、务本、敬商、爱人"的企业核心价值观；习酒销售额突破10亿元大关，习酒品牌价值由2009年的36.72亿元跃升到42.24亿元，位居白酒行业200强第21位。这年，习酒销售收入突破15亿元大关，习酒荣获"贵州十大名酒"之首荣誉。

2012年，公司开始启用企业新标志（绿色"日月山河"＋贵州习酒logo），并在《南方日报》《华西都市报》《南风窗》《三联生活周刊》等重要报刊发布习酒企业标识，进行系列宣传报道，同时参与中央电视台主标段拍卖竞争，第一次进入《新闻联播》前倒一位置进行品牌宣传，揭开习酒发展的新篇章。公司荣获了中华全国总工会颁发的"全国五一劳动奖状"，习酒荣获"2012年度华樽杯全国十大最具投资价值白酒品牌""2012年度华樽杯白酒品牌全国二十强""2012年华樽杯中国酒类十大慈善爱心品牌""2012年度华樽杯中国酒类十大最具全球竞争力品牌"等多项荣誉。同年，习酒公司隆重举行"习酒国营60周年"纪念大会，举办了首届道德模范颁奖晚会、大型文艺晚会和焰火晚会，举办了职工诗文书画摄影比赛。这年，习酒全国经销商大会在北京人民大会堂举行，会议规格及规模皆达到空前。

2013年，习酒公司窖藏酒瓶立体商标被认定为贵州省著名商标，该商标是贵州省实行著名商标认定以来，首例被认定为著名商标的立体商标。这一年，习酒、习酱分别荣获2014布鲁塞尔国际烈性酒大奖赛银奖。习酒公司创办的"习酒·我的大学"助学活动荣获由人民网主办的"正业之道·第八届人民企业社会责任奖""优秀案例奖"。

2015年，习酒公司荣获"全国守合同重信用企业"称号"全国酒行业劳动关系和谐企业"称号"全国质量管理小组活动优秀企业"称号。

2016—2020年，是十三五期间，这一阶段也是习酒厚积薄发的阶段。经过前一阶段的积累，习酒公司营销业绩大幅提升，2016年，习酒实现销售25.66亿元；2016年以后，习酒的销售额每年以10亿级以上的体量在递增；2017年实现销售35.78亿。

2018年，钟方达出任贵州习酒董事长。习酒深化管理改革，对外加强市场建设，致力于提升习酒品牌形象。2018年实现销售56亿元，2019年实现销售79.8亿元，并最终在2020年跨过百亿大关。2015年，习酒的经销商数量仅有500多家，而2020年，习酒在全国的经销商数量已经达到了2000多家，先后被中国质量协会授予"全国实施卓越绩效模式先进企业"称号，被贵州省政府授予除茅台外唯一一个酒类企业"省长质量奖提名奖"。

2020年，习酒突破百亿销售大关，成功跨入百亿酒企阵营，品牌价值再上新台阶，在"华樽杯"第12届中国酒类品牌价值评议中以656.12亿元位列中国前八大白酒品牌，中国第二大酱香型白酒品牌。"君品习酒"以478.98亿元的品牌价值位列全球酒类产品第三十四名，白酒类第八名，并荣获"第21届比利时布鲁塞尔国际烈性酒大奖赛大金奖"。同年，习酒荣获第三届贵州省省长质量奖，成为贵州五年内先后荣获首届贵州省省长质量奖提名奖、第十八届全国质量奖和第三届贵州省省长质量奖三大奖项的唯一一家白酒企业。

高质、文化与生态统合发展新时期

（2021年—— ）

此阶段与国家"十四五"发展规划同步实施，开启世界一流的习酒征程。

2021年11月8日，贵州茅台召开"茅台辉煌70年庆祝大会"，茅台集团党委书记、董事长丁雄军提出，茅台已经迈进"高质强业"新时期，实现高质量发展、高品质生活、世界一流企业是茅台人新的历史使命，是惠及地方发展、惠及企业革新、惠及员工福祉的时代壮举。这一时期，是国家"十四五"规划（2021—2025年）开端，习酒将持续建设"三品"工程，大力发展产能、提升品质；着力调整结构、做优产品；持续加大宣传、做大品牌。稳步推进"三大聚焦"：产品聚焦，集中打造窖藏1988和君品习酒；资源聚焦，集中资源塑造品牌；渠道聚焦，向优商大商集中，每年实现15%～20%的增长，习酒规划实现营业收入达到200亿元。

2022年7月，中国贵州茅台酒厂（集团）有限责任公司（简称：茅台集团）发布无偿划转子公司股权的公告，茅台集团拟将所持贵州茅台酒厂（集团）习酒有限责任公司82%股权无偿划转至贵州省国有资产监督管理委员会持有，由省国资委履行出资人职责。贵州习酒投资控股集团有限责任公司（简称：习酒集团）完成工商系统登记，注册资本为37.5

亿元人民币，由贵州省人民政府国有资产监督管理委员会100%持股。至此，习酒集团正式成立。此时的习酒集团，具备良好的发展态势。一是品牌占位领先。2021年，习酒品牌价值超千亿，是中国前八大白酒品牌，第二大酱香型白酒品牌。二是品类占位领先。习酒较早发现酱酒品类的发展潜力，并提出一系列战略举措。三是产品占位领先。在产品线的占位和市场覆盖面两个关键性指标上，习酒有较为完整的产品结构，具备向更高维度竞争的实力。

习酒集团的成立，是"十四五"时期特殊的历史关口。众所周知，贵州省的经济发展与白酒产业息息相关，在《贵州省国民经济和社会发展第十四个五年规划和二〇三五年远景目标纲要》中，多次提到"打造世界级酱香型白酒产业集群"，要构建"品牌强大、品质优良、品种优化、集群发展"的贵州白酒产业发展体系。在这样的背景之下，贵州国企 —— 习酒集团，注定肩负着重大社会使命。

2022年12月15日，习酒创立70年，习酒集团以"感恩奋进新征程 同心筑梦向未来"为主题召开庆祝大会。张德芹董事长作《习酒创立70年报告》，回顾习酒70年的发展历程，表达了坚定习酒高质量发展的信心决心：

回顾习酒70年的发展历程，其中四个重要时期和习酒人展现出来的四种精神是习酒坚持高质量发展的信心之源、动力之源。一是新中国成立初期，习酒人便拥有"二郎滩头创大业"的勇气。这一时期，不论是20世纪60年代利用废弃厂房恢复生产的艰辛，研制浓香型大曲酒的曲折，亦或是20世纪70年代对越自卫反击战壮行酒、庆功酒的荣光，凭借良好品质千里跋涉赴北京参评赢得的赞誉，习水大曲承载着习酒人太多的悲喜冷暖，见证和陪伴了一代人的青春岁月和奋斗时光。

二是改革开放时期，习酒人展现出"志在习酒醉天下"的豪情。期间，酱香型大曲酒在1983年通过省级重点科技项目鉴定，被命名为"习酒"并投放市场。伴随着一、二、三期技改项目实施，让"十里酒城、名酒基地"的构想在赤水河畔初具规模，酱香"习酒"与浓香"习水大曲"双双到达3000吨规模，两大产品畅销大江南北，屡创省优、部优、国优等殊荣。

三是低谷蹒跚时期，习酒人进行了"上下求索发展路"的拼搏。这一阶段，在茅台的品牌优势、市场优势、资本优势、人才优势、技术优势、管理优势的引领带动和辐射效应下，习酒建立了较为完备的产供销体系，为此后的快速发展提供了重要保障。

四是进入新时代以后，习酒人树立了"已到凌云仍虚心"的品格。习酒提出了"崇道、务本，敬商、爱人"的核心价值观，丰富了企业使命、企业精神等一系列文化理念，习酒的"君品文化"建设基本形成体系。这一阶段，习酒人勇毅前行，汇聚起建设全国强势白酒品牌的磅礴力量，生产规模不断扩大、市场营销持续增长、内部管理逐步规范、品牌效益更加彰显。2020年，习酒销售收入突破百亿大关，成功跨入百亿酒企的行业。2021年，品牌价值突破千亿，习酒知名度、美誉度不断提升，企业品牌张力、影响力日益彰显。[1]

在习酒完成百亿销售后，根据企业发展需要，习酒对企业文化理念进行了调整和补充，愿景由"百年习酒、百年福祉"调整为"百年习酒、世界一流"；使命从"塑习酒品牌、建和谐酒城、为国酒争光、担社会责任"调整成"弘扬君品文化、酿造生活之美"，在继续坚持"崇道、务本、敬商、爱人"企业核心价值观的道路上，发展更为壮美的事业。

2023年3月30日，习酒集团在习酒商务体验中心举办《君品公约》发布会暨君品文化论坛，以君品文化之力传递品牌东方价值，赋能行业发展。习酒给出的答案是：将君品文化的思想共识转化为一种约定和行为准则的《君品公约》。

爱我习酒，东方文明，敬畏天地，崇道务本，铭记先

---

[1] 《T9峰会｜张德芹：习酒的高质量发展之路》https://finance.sina.com.cn/chanjing/cyxw/2023-04-07/doc-imypqqpv4836866.shtml.

贤，心怀感恩，明德至善，敬商爱人，秉持古法，工料严纯，醉心于酒，勇攀至臻，同心同德，不忘初心，酱魂常在，君品永存。

《君品公约》作为习酒人行为最大的公约数①，标志着习酒人在价值观上、在理想和精神上、在抱负和胸怀上迈出重要意义的一步。习酒在大山深处走过了70年的发展历程，从诞生之日起，就肩负起社会责任。正是一代又一代习酒人对道义的坚守、对工艺的坚持、对商道的尊崇、对消费者的尊重，逐渐形成"知敬畏、懂感恩、行谦让、怀怜悯"的习酒品格，基于习酒的发展经验和历程，围绕白酒企业高质量发展的时代命题，从"坚持质量至上，走好生产经营之道""践行君品文化，走好文化赋能之道""擦亮生态品牌，走好绿色发展之道""牢记'国之大者'，走好社会责任之道"出发，站在新的历史起点上，习酒将以发展成世界一流、受人喜欢的大型综合企业集团为目标，继续为中国白酒行业高质量发展做出更大贡献。

---

① 《〈君品公约〉是习酒人行为最大的公约数！》https：//www.163.com/dy/article/I1GTNEEF0514B2R0.html.

第三节　企业产品史

　　贵州酿酒历史悠久，源远流长，赤水河流域的青山绿水间就四处飘散着酒香。文献资料记载，自秦汉以来，在古鳛国境地，有民间酿酒历史，当地的汉、彝、苗等民族嗜酒成风，盛行家酿坛坛酒、呷酒、醪糟酒之俗。凡有婚丧嫁娶、打猎扎山、岁令节庆、生日乔迁等活动都离不开酒，酒是百姓生活必需品。从民间流传至今、不经榨取、不经蒸馏的发酵酒"咂酒"；到典籍记载的宋朝"牂牁酒"和"风曲酒"，贵州酒业闻名于世。元明以后，赤水河酒业发扬光大，西南大儒郑珍赞美"酒冠黔人国，盐登赤虺河"，习酒产品在这样的历史人文与传统技艺中发展而来。

复制茅台

此阶段，产品主要是以茅台酒工艺为特点的酱香酒试制。

习酒公司的酱香型酒于1952年开始试制生产。1958年，"大跃进"蔓延整个中国，举国上下投入到轰轰烈烈的大炼钢铁运动中，农业生产的积极性受挫，粮食产量下降，酒厂也因此停产倒闭，人员就地解散。1966年，酒厂恢复生产，1976年，酒厂专门成立科研小组，进行酱香型技术攻关，样品参加地区和省级的酒类品评对比鉴定，一致获得好评。

1981年，贵州省科委为了发挥酱香型白酒的优势，扩大酒类产品的市场竞争力，把试制酱香型白酒的科研任务下达给习水酒厂，并下拨3万元课题经费。课题由曾前德负责，陈星国、廖相培、吕相芬、袁本安、姚大明、曾前慧、冯中先、吕良碧、吕相才等参与科研工作。经过坚持不懈的努力，1982年，优质酱香型酒终于诞生。贵州省习水酒厂试制的新产品酱香型酒，于1983年5月16日，交由贵州省商业厅组织有关专家和同行进行鉴定。鉴定的意见是："贵州省习水酒厂试制的酱香型酒，经品尝后鉴定会成员一致认为该产品清澈透明，酱香明显，酒体醇厚爽净，具有酱香型酒风格。试制成功，完成了省科委批准的计划任务书要求。建议产品投放市场后，如有经济效益即投入批量生产，产品要消除酒体中轻微的酸、涩，并延长酒的后味。试制报告要进一步修改完善上报。"经商业厅审查，同意鉴定意见。参加鉴定会的成员有：贵州农学院教授秦京，贵州大学教授马安仁，省科委工程师杨仙楹，省经委处长钟循模，省标准局雷彤生、汪和平、省轻工厅国家评委曹述舜，高级工程师丁祥庆，贵阳酒厂副厂长付若娟，茅台易地试验厂厂长杨仁勉，省商业厅副厅长张作新，处长王际书，省糖烟酒公司经理郭文华，省评酒委员伍文澜、邹家福，省科委处长徐用武，工程师陈光胜、周绪坤，茅台易地试验厂书记郑光先，质检员冯小宁。

此次试制过程中，提炼出一些酱酒生产主要技术特点：一是自制高温大曲，培菌温度要求达到60度～65度；二是采用当地条石窖和碎石窖发酵；三是采用露地堆积糖化，入窖发酵，同时采用两次投料，多次发酵，多次蒸馏的清蒸回烧法进行生产；四是所产成品酒分轮次风格，按质量分别密封贮存；五是采用合理勾兑，精心调味，认真品评，达到本品质量要求包装出厂。此次试制，在成本及经济效益上看：第一次生产大周期（1976－1977年），投料红粮38000市斤，大曲32480市斤，糠壳2000市斤，燃料（煤）27170市斤。原料及其它支出1150473元，产酒11922市斤，成本0.865元1市斤，红粮出酒率31%，粮曲出酒率17%。

习水大曲

此阶段的工作，主要是以赤水河流域大曲酒工艺为特征的产品研发及生产。

1962年9月，回龙区委区政府决定在郎庙酒厂烤小曲白酒，解决回龙、周家、永兴、瓮坪、郎庙等地老百姓的饮酒问题，酒厂由回龙区供销社管辖，由当过小学教师和校长的曾前德负责酒厂的筹建工作，主要生产当地小曲白酒。

1965年，回龙区划归习水县管辖，江守怀、袁本安、陈长仲、方向凯4位同志加入郎庙酒厂，成立浓香型大曲白酒课题小组。1966年，曾前德向供销社领导提出试制"浓香型曲酒"请求，获批试制，并成功进入市场，质量得到同行和消费者的好评。1974年，"红卫大曲"改名为"习水大曲"。1976年，企业名称改为"贵州省习水曲酒厂"。1979年后中越边境自卫反击战以及以后的两山轮战中，战士们的壮行酒和庆功酒都是"习水大曲"；1981年，著名作家徐怀中的小说《西线轶事》在《人民文学》发表，"习水大曲"成为一个代表性酒业文化符号，享誉国内。

1980年12月，习水大曲荣获贵州省优质产品奖，荣获国家工商行政管理局"著名商标"证书。1981年，习水大曲在省商业系统第二次评酒会上，被评为商业系统优质产品。同年，习水大曲荣获"贵州名酒"称号。在省糖烟酒类专卖局举办的全省商业评酒会上荣获产品质量第一名。

1985年5月，习水酒厂生产的习水大曲获"群众喜爱的贵州产品"酒类第一名。习水大曲被国家选送参加亚洲及太平洋地区国际贸易博览会。1985年6月，习水酒厂为了扩大习水大曲酒的销售市场，从大曲酒中提取酒的精华，并注册商标"飞天"牌习水大曲，向东南国家出口销售。同年，习水大曲荣获商业部"金爵奖"。

1986年8月，习水酒厂生产的酱香型"习"字牌习酒、浓香型"习水"牌习水大曲在贵州省第四届名优酒评比会上，双双荣获"金樽"奖。习水酒厂产品享誉大江南北，厂区门前绵延几里来自全国各地来拉酒的车队。

浓香茅台

此阶段的工作，主要是以打造茅台集团浓香白酒生产基地、打造贵州浓香白酒第一品牌为目标的产品研发与销售生产。

习酒推动实施了一系列经营层面的改革，此前习酒一直以"三星习酒"作为主导产品，市场零售价只有100元/瓶左右，出厂价才几十元/瓶，利润空间是一大短板。经过调整升级，"三星习酒"升级为"五星习酒"。

2000年，公司研发的"茅台液"荣获"贵州省优秀新产品"称号，并成功上市获得较好收益。2001年，公司长期坚持将质量放在第一位，坚持纯粮固态发酵，生产绿色健康产品，公司获准使用国家"绿色食品"标志的产品达到20个。

2004年，习酒公司确立了"深化改革，加强管理，建设一支队伍，巩固一个市场，攻坚一个市场，开发一个市场，塑造一个品牌，壮大两个特许品牌，加强习酒发展"的营销工作总体思路。在茅台集团同意下，特许品牌"茅台液"上市，它被称为"茅台浓香第一液"。这也是茅台集团第一次将"茅台"这块金字招牌直接植入习酒产品名称。2004年，习酒公司销售收入突破了2亿元。习酒公司有了崭新的身份——茅台集团浓香白酒生产基地，以及自己崭

新的目标和定位 —— 打造贵州浓香白酒第一品牌，前任茅台集团董事长季克良对习酒的期望，就是希望习酒"争取早日成为全国浓香型白酒的排头兵"。

2005年，习酒公司提出了"浓酱并举，主特兼顾"的产品战略，着力打造五星习酒，扶持重点特许品牌。

从1998年到2004年间，以五星习酒和春之系列以及特许品牌茅台液为主导产品的浓香型白酒阵营迅速壮大，推进了习酒打造茅台浓香白酒基地和贵州浓香第一品牌战略的初步达成。从2003年到2005年间，仅"五星习酒（浓香）"一个品牌的年销售收入就能占据习酒公司销售收入的三成以上。2006年这一战略基本实现，习酒在贵州市场的销售收入超过一亿元。习酒发展历程中，习酒的产品战略定位几经更迭，每次更迭都与茅台集团的战略调整有密不可分的关系。

窖藏习酒

此阶段，主要以窖藏习酒1988为代表的产品研发和生产。

1988年，酱香型习酒获得国家质量奖、国家优质名酒等荣誉。习酒同时拥有浓香型习水大曲和酱香型习酒两大品牌，年产浓香酱香超过双4000吨，形成浓酱并举的优势格局，并持续发展。1998年，复归茅台集团后，习酒公司被指定为茅台集团浓香白酒基地。

习酒战略导向开始从"打造茅台浓香白酒生产基地和贵州浓香白酒第一品牌"向"浓酱并举"转变后，由于习酒具有良好的酱酒生产基础，酱香汉酱和酱香习酒广受欢迎，在此基础上陆续推出了金质习酒、银质习酒、金典习酒等酱香产品，习酒的酱香版图初具规模。从2005年提出"浓酱并举"战略开始，习酒历年的销售业绩开始加速增长。公司生产的酱香习酒、浓香习水大曲被评为2005年"贵州省名牌产品"。

作为当时倾力打造的拳头产品，新推出的汉酱酒产品定位仅次于茅台酒，具有"酱香突出、典雅细腻、醇厚绵软、回味悠长、空杯留香持久"的特点。汉酱酒秉承了茅台酒的核心酿造工艺，首创的51度酱香白酒新概念，既考虑了乙醇和水的缔合度，又体现绵柔口感，顺应了饮酒时尚潮流。

汉酱酒一面世，就引起市场热捧。后根据战略需要，汉酱酒品牌收归茅台集团茅台酒股份公司。习酒公司重新进行品牌定位，调整优化产品结构，"分步骤、有急缓"地实施"浓酱并举"策略，推进以习酒窖藏1988为主的战略性产品推广和销售，通过央视等媒介的传播和大量宣传活动，进行系统性的品牌维护和管理。

从2008年开始，消费升级和产品升级的趋势以及习酒全国化推广步伐的加快开始催生习酒新的战略调整。习酒开始实施产品结构升级，加大中高档白酒市场的投入和建设力度。2009年，十五年五星习酒上市。2010年，随着茅台集团酱香战略部署的调整，习酒开始推进和实施酱香型产品阵营的升级和再造。一是酱香型白酒市场出现了空前繁荣。茅台开启了"酱香时代"，以及酱香型白酒市场占有量不足5%，却占据了全国白酒产业利润20%的现状。另一个背景则是茅台的战略需要。经过长期持续的出厂价格调整和市场发酵，53度飞天茅台成为中国超高端白酒，长期缺少梯队产品，习酒推出窖藏系列问鼎中高端酱香白酒市场，正是一项战略调整。

2010年12月，在贵阳举行习酒窖藏系列产品品鉴会，全国权威白酒专家沈怡方、于桥等对习酒品质赞不绝口，称赞窖藏习酒是"高口感度、低醉酒度"的典型代表。2010年，习酒公司大力发展以"窖藏·1988"布局全国市场的重要经营思想和指导方针，确立以"习酒窖藏1988"为标杆的全新习酒形象的建设工程，同时，不断丰富窖藏系列产品线，集中优势资源大力推广，致力于提升窖藏系列产品的品牌价值。

彼时，习酒的主销产品多集中在五星习酒和金质习酒，中高端价位段缺乏主力产品，习酒·窖藏1988的推出，不仅弥补了习酒高端产品结构的缺失，也填补了茅台之下整个酱酒市场价格带的空白。在这款产品问世之初，习酒对此寄予极高厚望，并以带有习酒光荣年份数字的1988为其命名。习酒·窖藏1988以亮眼的表现超出行业预期，刷新了业内对这款酱酒新品的认知。此后，习酒·窖藏1988开始走出贵州，在全国迅速成名。2017年，习酒实现营收35.78亿，习酒·窖藏1988率先成为行业超10亿元的超级单品。2018年，习酒全国市场累计销售56亿元，其中以习酒·窖藏1988为主的窖藏系列占比超50%，完成近30亿元的目标。2019年，习酒全国实现销售79.8亿元，习酒·窖藏1988核心大单品销售额占整体销售53.1%，突破40亿元。2020年，习酒实现销售额突破百亿，习酒·窖藏1988销售近58亿元得到了全行业层面的认可和好评。其先后获得"我国酒业十大极具价值新品""第二届贵州省十大名酒金质名酒""大国酱香领军品牌"等荣誉，且在华樽杯第十二届我国酒类品牌价值评议中荣获"2020年度华樽杯全球十大烈性酒品牌"等荣誉。习酒·窖藏1988作为全国酱酒明星大单品，愈发彰显习酒的市场竞争力和品牌影响力。

君品习酒

此阶段，核心是以君品习酒为高端酱香产品的研发和生产，同时，兼顾原有主体品牌，形成大单品与品牌集群两结合。

随着酱香白酒价格不断提高，习酒于2019年推出定价为1399元的"君品习酒"，该年，7月19日，以主题为"高端酱香标准之作"的君品习酒上市发布会在贵阳举行。此举为习酒对高端酱香市场布局的完善，也是茅台集团在高端酱酒局的补充和占位。君品习酒在包装上具有鼓面瓶型、君品蓝、玉佩符号、如意纹饰四个超级品牌符号。发布会上，中国酒业协会副理事长兼秘书长宋书玉，中国白酒酿酒大师、全国白酒评酒委员、专家季克良，中国酒业协会副理事长、江南大学教授、博士生导师、中国著名白酒专家徐岩，贵州省酿酒工业协会常务副理事长龙超亚，贵州省酿酒工业协会副理事长吕云怀，著名白酒专家、源坤教育科技创始人、中国酒业协会白酒专业委员会委员钟杰等10位专家在对君品习酒做出品鉴后，专家组给出"微黄透明、酱香突出、陈香舒适、圆润细腻、圆润悠长、空杯留香、酱香白酒风格典型"的评语。

君品习酒的上市，是对习酒君品文化深层次的诠释与注解，使"君子之品，东方习酒"这一独具文化魅力和历史底蕴的品牌得以聚焦和延伸。2020年，君品习酒以726.9亿元的品牌价值位列全球酒类产品第22名，白酒类第8名，并且荣获"2021年度华樽杯中国十大高端商务用酒品牌"称号。

君品习酒进军超高端酱酒领域，有着特定的时代背景，从销售业绩上，习酒已经初步完成了全国化，从区域性品牌向全国性品牌转变，下一步目标便是全国性强势品牌的建设，有扎实的市场和稳定的顾客作为基础，加之在酱酒热潮下，习酒需要一款有代表性的超高端产品作为品牌支撑，君品习酒作为一款展现文化的传承、历史的沉淀、匠心的坚守的代表性产品，其高端酱香的定位，将为百年习酒的目标提供强劲推力。

第四节 品质与工艺

好品质的酱酒，需要有好的生产环境和工艺。

赤水河谷几面环山，沿赤水河而建，如同一个天然的酒缸，特殊的小气候十分有利于酿造酱香酒微生物的栖息和繁殖。冬暖、夏热、少雨，年均温度17.4℃，夏季最高温度达40℃，炎热季节达半年之久。冬季无霜期长，温差小，年均无霜多达359天，年降雨量仅800～900毫米，日照时间属贵州省内高值区，年可达1400小时。微生物群在此易于生长，大量参与酱香酒的酿造过程，使得酒香气成分多种多样。

酱香习酒恪守端午踩曲、重阳下沙的一年一个周期的传统进行生产。每年端午节至重阳节，由于降雨冲刷两岸山土，赤水河呈现棕红色，此时生产用水极少；到了重阳节至翌年端午节之间，河水变得清澈透明时，习酒的下沙、蒸煮正好需要大量用水。赤水河流域中游河谷广泛发育着的紫色土层，酸碱适度，特别是土体中沙质和砾石含量很高，土体松软，孔隙度大，具有良好的渗透性。无论地面水和地下水都通过两岸的红色土层汇入赤水河，既溶解了红色土层中多种对人体有益的微量元素，又经过层层过滤，洁净、清冽。

酱香习酒用料讲究，一定要用本地产的糯高粱，粒小、皮厚、淀粉含量高，经得起多次蒸煮。普通高粱一般取到第五次酒后就被榨干，赤水河中下游流域海拔600m以上出产的红粮，产量小，单宁含量适中，无公害无污染，是最难得的高端白酒酿造原料，只有这样的糯高粱才能支撑七次取酒。酱香酒品质的高的关键是选择比较完整的高粱，只有如此才经得起多次蒸煮。

酿造酱香习酒采用"一二九八七"工艺，以高粱为原料，小麦制曲，经两次投料，九次蒸煮，八次加曲，高温堆积发酵，七次取酒，一年一个生产周期，五年以上窖藏，再由大师精心勾兑出品。端午左右，酒师们就开始制造酒曲。酒曲以小麦为原料，先将小麦粉碎，加入水和"母曲"搅拌，放入曲套（制曲的木制模具）里，女工站立踩制。制曲时间在夏天，制曲车间里的温度经常高达40摄氏度。高温有利于微生物的生长，这些微生物混入曲块中分泌出大量的酶，可以加速淀粉、蛋白质等转化为糖分。每到夏天，制曲车间的门上爬满了一层名为"曲蚊"的小虫，人一张口甚至能吸进几只。制曲需要的就是这样的微生物环境。小麦经过"踩曲"做成"曲块",用谷草包起来,进行"装仓"。大约10天后再进行"翻仓",使曲块进行上下翻转,让每一面都能充分接触微生物。前后一般要进行两次翻仓。再过30~40天,曲块出仓,并进行堆放存储,重阳节前后,将曲块磨碎使用。

待到时间转入重阳佳节,酿造酱香酒开始进入第二步,重阳下沙。"沙"是酿造酱香型白酒的核心概念,很多误解与讹传就是来自于对"沙"的理解不同。"沙"就是指酿酒原料糯高粱。因为本地产的糯高粱细小而色红,所以称之为"沙"。"下沙"就是指投放制酒的主料 —— 高粱。在制酒中,不同完整程度的"沙"产出不同品质的酒。投入的是完整的高粱,产的酒则为坤籽酒,当地发音叫"坤(捆)沙酒",用磨碎的高粱产出的酒名为"碎沙酒"。用最后9次蒸煮后丢弃的酒糟再加入一些新高粱、新酒曲酿造的酒为"翻沙酒",这类酒品质比较差,有异味、苦、焦、臭味略重。最后一种便是"窜沙酒",是用酒精、水、香精及酒糟来调制,酱香味来源于酒糟。某种程度上讲,高粱的完整度极大决定酒的品质。

下沙的第一步是"润粮",即用100摄氏度左右的开水数遍清洗高粱,一方面可以洗去渣滓,另一方面可以让高粱吸水。将高粱上甑蒸煮,大约两个小时。然后散在地上"摊凉"，由工人用木锨不停地翻晾，温度降至35摄氏度左右开始加曲。上满一甑需要高粱1500斤，第一次加入约220斤左右的酒曲。高粱与酒曲的总体比例为1∶1，但是酒曲要分9次加入，每次加的数量都不一样，平均为高粱的10%上下。第一次加曲搅拌后要进行"收堆"发酵，即将酒糟堆成两米多高的圆锥。发酵时间需要酿酒师依据温度灵活掌握，堆子的内部先开始发热，然后传递到外面。这期间酒糟充分吸纳外围空气中的微生物。酱香酒讲究高温发酵，一般外层温度达到五六十摄氏度才结束这一环节，酿酒师把手插进堆子，依据烫手的程度进行判断。第一次发酵完成后，把酒曲铲入窖坑进行封存 —— 进入"窖期"。窖坑有3～4米深，能装15～20甑的酒糟。与浓香型酒不同，酱香酒的窖坑是用石块砌成墙壁而不是用泥土，否则酱味就不浓了。窖坑要用本地黄泥封住，不能透气，在窖期中要经常检查，时常撒点水，防止干裂进气一个月后，打开窖坑，开始"二次投料"，加入新的高粱，继续上甑蒸煮。摊凉后加入曲药，收堆发酵，然后重新下窖。前两次蒸煮原料都不取酒，只为增加发酵时间，裹挟更多微生物。再过一个月左右的窖期，开始第三次蒸煮。时间到了十二月后，这才开始进行第一次取酒。之后再对酒糟进行摊凉、加曲、收堆、下窖等流程。如此周而复始，每月一次，直至第七次酒取完后，时间已经到了次年八月，酒厂才开始"丢糟"。

第三至五次出的酒最好，称为"大回酒"，第六次得到的酒为"小回酒"，第七次的酒为"追糟酒"。其中三、四、五次出的酒最好喝，一、二次酸涩辣，最后一次发焦发苦。每一次的酒都有它的用处，出厂的酒就必须经过不同批次酒的勾兑。酱香酒调酒大师以"酱香""醇甜"和"窖底"三种酒体来归纳和区分不同批次的酒。三种酒体理论的提出，对于保障酱香酒质量稳定性具有革命性的价值，使勾兑有了可以依据的基础。一般而言，新酒产生后要装入陶土酒坛中封存，作为"基酒"进行储备。

第一年进行"盘勾"，就是按照酱味、醇甜、窖底三种味道进行合并同类项，然后再存放3年。3年后，按照酒体要求进行"勾调"，即用几种基酒甚至几十种基酒，按照不同的比例勾兑出一种酒，形成特定的口味、口感和香气效果。酒师凭借自己的味觉进行搭配，把不同轮次的酒调在一起，寻找味道之间的平衡与层次感。勾调完成后，还要继续存放两年，等待醇化和老熟后才进行灌装投放市场。整个过程都是以酒勾酒，不存在添加其他水或物质。

一般认为，酱香酒所含的酸类物质，也是其他白酒的3至4倍（有专家认为，这和干红葡萄酒有异曲同工之妙），以乙酸、乳酸、不饱和脂肪酸为主，有利于人体健康。另外是酒精的合理度数。酒精度的高低，是衡量一款白酒对人体的健康影响的一个指标。国外诸如白兰地、威士忌、伏特加等名酒，其传统接酒浓度都在65%（v/v）以上，有的高达67%（v/v），然后加水降到需要的浓度。酱香习酒的酒精浓度只有53%（v/v）左右。科学证据证明，这一浓度的酒精分子和水分子缔合最为紧密，酒体品质更佳。酱香酒是天然的发酵产品，期间，酒糟充分吸纳外围空气中的微生物；前两次蒸煮原料都不取酒，只为增加发酵时间，裹挟更多微生物。酱香习酒要经过长达几年的贮存，多年陈酿后，容易挥发的小分子物质已通过化学反应逐渐转化为较大分子物质。易挥发物质相对较少，不易挥发物质相对较多，所以对人的刺激性小，饮后不上头，不辣喉，不烧心，空杯留香，酱味十足。

习酒·窖藏1988的鉴评与欣赏[①]（摘录）

肖世政，左智弘

酱香型习酒·窖藏1988的生产秉承了酱香型酒代表茅台酒的生产工艺，生产主要特点：一是两次投料、七次取酒、八次加曲及堆积发酵、九次蒸煮（馏）；二是端午制曲、重阳下沙；三是高温堆积、高温发酵、高温接酒，一年一个

① 肖世政，左智弘.习酒·窖藏1988的鉴评与欣赏——写在习酒·窖藏1988外观设计获国家专利奖之际[J].酿酒科技，2015（06）：124-125.

生产周期；四是从原料进厂到成品酒出厂至少需要5年以上的时间，窖藏老酒时间更长；五是采用多个小样大样的酒样进行精心勾兑；六是严格的包装生产工艺工序；七是保持传统的陶坛长期贮存；八是有特殊的酿造地理、气候环境；九是长达一年的开放式生产的发酵过程，参于其中的微生物非常多，使得香气成分多种多样，酒体香而不艳。

综上所述，生产工艺特点和酿造环境造就了"微黄透明、酱香突出、醇厚丰满、细腻体净、回味悠长、空杯留香持久、酱香风格突出"的习酒窖藏老酒。

习酒·窖藏1988以独特简洁、古朴、庄重典雅的外观设计包装风格深受广大消费者欢迎和厚爱，作为一个普通消费者怎样简单的鉴评、欣赏呢？下面仅从内在质量鉴评和外观欣赏两个方面进行简介。

一、内在品质鉴评

（一）酒液挂杯鉴评。纯粮酿造和酒质年份较长的酒在饮用前用一高脚透明酒杯，倒进1/3 ~ 2/3的酒，用手轻轻摇晃酒液，观察在酒杯上挂的酒液多少和流速，酒液能长时间不往下掉落，证明品质尚佳、年份长且是纯粮酿造品质较好的好酒，习酒·窖藏1988任意一杯酒均能达到该标准，当观察到酒液挂满杯壁即可判断是一杯尚好的酒品。

（二）色泽的鉴评。无色清亮透明是对普通酱香型白酒的基本要求，一般的酒品均能达到，而微黄清亮透明是需要有一定年份或年份较长的酒才能够达到。习酒·窖藏1988酒液微黄、晶莹透澈、透光度极好，堪称酒中的"液体黄金"。

（三）香的鉴评。将倒好酒的酒杯用手慢慢地在鼻前轻轻晃动，用鼻子离杯口1～2 cm的距离轻轻自然吸气，感觉酒香扑鼻，闻其酱香是否纯正自然突出或明显。习酒·窖藏1988的酒液香味可以使人身心愉悦，陈酱香味突出、复合香的幽雅、柔和芬芳、回香悠长，呈现出高品质酒液带来的舒适感觉。

（四）味的鉴评。酸、甜、苦、涩等味是白酒的基本口味，将酒液1～2 mL入口铺满整个口腔和舌面，用舌尖、舌边、舌根等不同部位感受酸、甜、苦、涩等味道，然后咀嚼感受酒对舌面敏感的感觉是否醇厚、细腻、圆润和具有整体的协调性，酱香突出、醇厚丰满、细腻体净、回味悠长是习酒·窖藏1988特有的感官（体验），一口闷（一饮而尽）或大杯喝是体会不到其带来的快乐和享受。

（五）空杯留香的鉴评。酒液喝干后将空杯放置在合适的地方一段时间也可放置到第2天，用鼻子在酒杯口轻轻吸气闻仍有酱香型酒独特的芳香味，酱香型习酒·窖藏1988在第2天或更长的时间仍可表现出明显的酱香香味，堪称"空杯留香持久"。

（六）格的鉴评。眼观其色、鼻闻其香、口尝其味，根据色、香、味的综合判定对所鉴评的酒判定其风格，也可用分值来量化打分判定质量档次。从专业的角度讲，评酒以色泽满分为5分、香气满分为25分、味觉满分为60分、风格为10分，评酒员或消费者根据对酒的整体感觉和印象给出一个合适的分数，酒质越好分值就越高。"微黄透明、酱香突出、醇厚丰满、细腻体净、回味悠长、空杯留香持久、酱香风格突出"是沈怡方等多名国家级评酒委员、著名白酒专家对习酒·窖藏1988酒品的整体评价。

二、外观鉴赏

习酒·窖藏1988系列包装整体设计风格简洁、古朴、庄重典雅，以咖啡色系为主，用浮雕水波纹的仿金属标牌衬托篆书"习酒"品牌，标牌两侧点缀酿酒图。副品牌"窖藏1988"则用古印章图案衬托，充分体现习酒对赤水河中游河谷酿酒传统的传承和品质承诺。

习酒·窖藏1988的瓶型设计灵感来自中国的锣鼓、贵州少数民族的铜鼓，象征着虔诚、激昂、欢快的精神和厚重的历史，圆形的基本造型，也寓意着圆满、和谐。瓶体背面的水波纹图案，寓意习酒地处赤水河中游河谷，具有得天独厚的白酒酿造自然环境，圆形的酒瓶瓶型在东方的中国寓意是一个宝瓶。

酒瓶外盖上的企业标识Logo以玉为载体，结合象征赤水河生态酿造环境、习酒所在地具有深厚历史的习水等元素构成一个圆形，直接表达了君子外圆内方的和谐观。玉作为习酒君品文化的载体和图腾，象征稀有、尊贵、高雅，也是对习酒君品文化的解读，碧透的绿色同一弯新月下蜿蜒奔流的赤水河一起表示郁郁苍苍的习水原生态酿造环境，同时寓意习酒是绿色产品、健康饮品，象征习酒的勃勃生机与无限活力。新月和河流组成一个静谧而诗意的"习"字，成为整个标志的主体部分，代表了习酒所在地习水县（古习国）源远流长的历史、传承千年的酿酒工艺，有厚重的传统文化和历史文化。

第五节　鳛部酱香

　　战国后期，楚国派庄硚经黔入滇（公元前279年前后），世人首次"发现"贵州这片大山之中的"新大陆"，时名为"夜郎"。公元前135年，汉武帝刘彻派唐蒙出使南越（今广东番禺），在招待宴席上，唐蒙品尝到一种名叫"枸酱"食物后，大为赞叹，询问食物来源，沿着食物流通途径，经夜郎而开辟新的军事战略路线，形成新的帝国格局。《史记·西南夷列传》："建元六年，大行王恢击东越，东越杀王郢以报。恢因兵威使番阳令唐蒙风指晓南越。南越食蒙蜀枸酱，蒙问所从来，曰道西北牂牁，牂牁江广数里，出番禺城下。蒙归至长安，问蜀贾人，贾人曰：独蜀出枸酱，多持窃出市夜郎。夜郎者，临牂牁江，江广百余步，足以行船。南越以财物役属夜郎，西至同师，然亦不能臣使也。蒙乃上书曰：南越王黄屋左纛，地东西万余里，名为外臣，实一州主也。今以长沙、豫章往，水道多绝，难行。窃闻夜郎所有精兵，可得十余万，浮船牂牁江，出其不意，此制越一奇也。诚以汉之疆，巴蜀之饶，通夜郎道，为置吏，易甚。上许之。乃拜蒙为郎中将，将千人，食重万余人，从巴蜀筰关入，遂见夜郎侯多同。蒙厚赐，喻以威德，约为置吏，使其子为令。夜郎旁小邑皆贪汉缯帛，以为汉道险，终不能有也，乃且听蒙约。"

唐蒙出使西南夷，"夜郎因枸酱亡国"观点有失偏颇，但是枸酱与夜郎的关系，在中国历史上是确定的。唐蒙之所以上书汉武帝建议汉朝联络夜郎，汉武帝之所以同意派遣唐蒙出使夜郎，最根本的原因是西汉王朝计划实现真正统合南方，同时很明确，汉朝因为枸酱而发现夜郎通道，并走进夜郎 —— 是枸酱带来了重大的军事战略信息，并以此改写了中国历史。

食物或食物引发的历史，是整个人类社会发展的重要内容。八千年前，在南美安第斯山的顶端古秘鲁人是最早种植土豆的人①。含有高蛋白质和碳水化合物，维生素和矿物质，是印加劳工的完美食源，是建立印加帝国文明的食物能源。西班牙水手从安第斯山返国，将土豆引进欧洲时，欧洲人一开始并不接受，土豆与有毒食品颠茄相像，二来烹饪方

---

① 伊藤章治.马铃薯的世界史[M].曹珺红，赵心僮，译.西安：陕西人民出版社，2020.

法缺少，食之无味；于是欧洲人将土豆作为观赏植物。两百年后，土豆成为欧洲的主食，也主要是下层阶级的食物。大约从1750年起，易种、廉价而又有营养的土豆开始普及，解决了欧洲经常发生的谷物饥荒，人口开始稳定上升，国家发展有了人口基础。爱尔兰在培育了土豆之后，人口急剧上升，并极度依赖这个主食；但是在1845年至1852年期间，土豆枯萎病肆虐，导致世界历史上的"爱尔兰大饥荒"①，超过一百万爱尔兰人民饥饿致死，两百多万人逃离家园。爱尔兰移民涌入欧洲，让欧洲拥有了庞大的、持续增长的人口，成为新兴工业所需的劳动力，为工业革命奠定了人口基础。土豆的种植与食用，影响到工业革命，包括第二次世界大战的盟军部队用易栽培的土豆充饥等等这些重大里程碑的世界大事，与秘鲁山顶上平凡的土豆紧密相联。

红薯的野生种起源于美洲的热带地区，由印第安人人工种植成功。哥伦布初见西班牙女王时，曾将由新大陆带回的甘薯献给女王，西班牙水手又将甘薯传至菲律宾。红薯抗病

---

① 爱尔兰大饥荒，俗称马铃薯饥荒，（failure of the potato crop）是一场发生于1845年至1850年间的饥荒。在这5年的时间内，英国统治下的爱尔兰人口锐减了将近四分之一；这个数除了饿死，病死者，也包括了约一百万因饥荒而移居海外的爱尔兰人。造成饥荒的主要因素是一种称为晚疫病菌（致病疫霉菌）（Phytophthora infestans）的卵菌（Oomycetes）造成马铃薯腐烂继而失收。马铃薯是当时的爱尔兰人的主要粮食来源，这次灾害加上许多社会与经济因素，使得广泛的失收严重地打击了贫苦农民的生计。大饥荒对爱尔兰的社会，文化，人口有深远的影响。

虫害强，栽培容易，营养充分。明清两代，中国"海禁"颇为严格，闭关锁国，拒绝改革开放，以天朝大国自居自守。清代乾隆三十三年（1768年）刻印的《金薯传习录》[①]，确切记录在嘉靖四十三年（1564年），20岁的陈振龙就弃儒经商，从福州台江乘船偷渡至吕宋（今菲律宾）经商，"目睹彼地土产，朱薯被野，生熟可茹，询之夷人，咸称之薯，有六益八利，功同五谷，乃伊国之宝，民生所赖"。1593年5月，陈振龙将红薯藤编入船上的一根绳子中，吊在船舷下，带回福州。当年，福建全省大旱灾，红薯在福州得以推广种植，很快成了充饥的代粮之物，并逐渐在中国广泛种植，明政府定名为"番薯"；又因为福建巡抚金学曾所倡议推广，为纪念金氏首倡力行之功，当地人又称之为"金薯"。[②] 红薯由东南沿海而至京畿北方地区的广泛传播与大面积栽种，为"康乾盛世"的人口与经济持续增长提供了有力保障，促

---

① （清）·陈世元《金薯传习录》。清代道光年间，福州乌山建成"先薯祠"，纪念陈振龙父子与金学曾引种红薯、拯救灾民的功德。民国时，改祠为亭，称"先薯亭"。20世纪90年代重修，2007年又再次修缮，于亭侧立石刻《先薯亭记》，亭前悬挂楹联，曰：引薯乎遥遥德臻妈祖；救民于饥馑功比神农。

陈振龙等引种红薯的功绩，造福整个中国，乃至对国际格局都有着重要影响。著名历史学家夏鼐，曾于1961年专门写文《略谈番薯和薯蓣》，认为没有红薯的贱养代粮之功，中国成不了亿民之众的泱泱大国。

② 肖伊绯.一只红薯的前世今生[N].北京青年报，2019-11-11.

成中国成为人口大国。①

唐蒙出使西南，从长江入鳛部水，今天的赤水河，河中有一种会飞的鱼，被称为鳛鱼，两岸广大区域是古鳛国的所在地。鳛国大约存在四百年，到战国时期，被后起的大夜郎国兼并，成为"夜郎旁小邑"，后称鳛部。鳛部地域内的赤水河谷，山大坡陡，河流切割强烈，深度在500～1000米之间，形成"V"型峡谷，河流落差大，在季风气候条件下，夏季暖热，潮湿多雨，冬季干燥少雨，阳光充足，雨量充沛，霜少无雪，除去美酒酿造之外，还有很多酱香食物，历久芬芳。

赤水河流传的船工号子"赤水河，万古流。上酿酒，下酿油。船工苦，船工愁，好在不缺酒和（酱）油"，反映了古代赤水河区域酱油业的兴盛，也表明赤水河不仅有茅台、习酒等美酒，还有其他酱香美食。《合江县志》记载：先市

---

① 红薯入华曾走过三条"国际路线"。红薯，在不同地区又名红苕、番薯、地瓜等，其野生种群起源于美洲的热带地区，由印第安人人工种植成功，哥伦布初见西班牙女王时，曾将由新大陆带回的红薯献给女王，西班牙水手又将红薯传至吕宋（今菲律宾），葡萄牙水手则将红薯传至交趾（今越南）。红薯传入亚洲之后再传入中国，是通过多条路线的。传入中国的时间约在16世纪末叶，包括陈振龙一线，至少有三种可能的途径：一是葡萄牙人从美洲传到缅甸，再传入中国云南；二是葡萄牙人从美洲传到越南，广东东莞人陈益或吴川人林怀兰将之再传入中国广东；三是西班牙人从美洲传到菲律宾，福州长乐人陈振龙将之再传入中国福建。据考，云南、广东、福建这三线的传入，几乎是同时进行的，是齐头并进的。只是陈振龙一线的传入，史料记载更为明确翔实，且经过后世研究者多次考证评述，知名度与影响力也因之更高。

酱园始于明末清初。清乾隆元年（1736年），随着川黔官办盐岸的建立，赤水河盐运兴盛，先市镇盐商船户、纤夫云集，酱油作坊增多。清光绪十九年（1893年），先市镇乡绅袁映滨（字海宗）创业"江汉源"酱园。为促进酱园业兴旺，在酿造、制曲、发酵时，在厂区内三官庙祭祀天官、地官和水官，以保佑制曲、发酵过程中气候、温度、湿度等适中，保证酱油品质好、出油率高。民国中期，"江汉源"酱园与镇上另两家酱园厂合伙经营，更名为"同仁合号"。"同仁合号"酱园有天然晒露发酵缸600多口遗存至今；并有多家酱油销售店铺，其中一家至今仍在经营。民国期间，先市酱油远销香港。1956年，"同仁合号"酱园经公私合营，更名为"同仁合号先市酱园厂"。20世纪60年代末，"同仁合号先市酱园厂"改制为国营，2000年改制为民营，至今仍在销售。先市酱油以黄豆为主要原料，成品色泽棕虹，无苦、酸、涩等异味，锅煎不糊，久放无沉淀，不生花、不变质，盐度适当、味醇柔和、回甜清香。先市酱酒生产工艺，包括了"浸泡→蒸煮→冷却→拌粉→制曲→发酵→淋油→暴晒浓缩→调配→灭菌→灌装"，发酵周期为三年以上，像极了酱香酒的工艺。

此外，还有赤水晒醋。赤水晒醋历史悠久，始于晋汉年间，为中国麸醋之典范。据史料记载，赤水先民很早就有喜食晒醋的习惯。1998年，在赤水市复兴镇马鞍山出土的汉墓群中，就发现保存有原始陶醋罐。赤水市一市民家中的族谱记载，明朝万历九年（1581年），在赤水河打鱼为生的渔翁食鱼时，常用晒醋软化鱼骨。到了清道光年间，众多客商落户赤水，商贾云集，经济繁荣，一家名为"源隆顺"的商号，将流传于民间的赤水晒醋手工酿造技艺发扬光大，创办酱醋厂，所酿晒醋酸味纯正，香甜爽口，用楠竹竹筒熏干盛装，每筒重0.5至1.5千克不等，畅销川黔。据光绪年间《增修仁怀直隶厅志》（赤水当时属于仁怀厅管辖）记载，道光年间（1830年），赤水城内"源隆顺"商号请来酿醋技师对流传于民间的晒醋酿造技艺改进。据记载："晒醋，平民之家，晒坝置缸，内置醋醅，撒盐封口，淋晒两年以上。河下游盐商家颇喜酿制。醋味浓厚，百姓喜食。"河下游即今赤水一带。后来，又相继出现了"富生荣""同心永""永盛""富源""华昌"等10多家商号兴办酱醋厂，并吸收部分地方上名声响亮的人物参股经营以扩大其影响。当时，赤水城内晒醋十里飘香，在民间流传有"商家聚赤水，晒醋数第一"之说。加工工艺流程上，包括"制曲→原料处理→加热制粥→第一次发酵→加麸皮→第二次发酵→装缸密封（进晒场）→第三次发酵→淋醋→灭菌→成品"，经过二至三年，具有色、香、酸、醇、浓的特色，原汁晒醋长期保存不变味，不生花，不变质。观之色泽柔和，酽如菜油，闻之酸香扑鼻、沁人肺腑，食之酸甜可口，浓香味美，回味绵长。

《遵义府志》中有记载：大豆，俗呼黄豆，清明后种，八月收。赤黑豆，名钟子豆，种、收同。并以磨豆腐、作豉、及糁粉。豆腐起源于中国西汉时期。相传是在公元前164年，由中国汉高祖刘邦之孙——淮南王刘安所发明。刘安在安徽省寿县与淮南交界处的八公山上烧药炼丹的时候，偶然以石膏点豆汁，从而发明豆腐。① 鳛水县历史上隶属播州，鳛水豆腐来历甚早。唐代播州有一出名的大和尚——海通法师，出生于大唐开元初年，黔中道播州人士（今贵州省遵义市），本名清莲，十二岁出家，师从于高僧慧净，二十四岁时离师游历天下，识得豆腐酿造之法，并带回本地。海通和尚，到了四川凌云山修行，见江水如万马奔腾，吼声震天，常常有船毁人亡之祸，许愿在山岩上临江凿一座人世间最大的弥勒佛像，请其安澜镇涛，保佑苍生，但是未等大佛完工，海通就圆寂归天。唐德宗贞元初年（785年），西川节度使韦皋继承海通未竟之业，终于在贞元十九年（803年）完工。大佛高71米，历时九十余载，为世界第一大佛像，即今天的乐山大佛。海通大师将豆腐之法，用于工匠之食，产生今天出名的西坝豆腐。赤水河边，豆腐制作

---

　　① 1960年，在河南密县打虎亭东汉墓发现的石刻壁画，再度掀起豆腐是否起源汉代的争论。《李约瑟中国科学技术史》第六卷第五分册《发酵与食品科学》一书的作者黄兴宗，综合各方的见解，偏向于认为打虎亭东汉壁画描写的不是酿酒，而是描写制造豆腐的过程。

工艺流传至今，家家都会做的鳛水豆腐，近代还推出了远近闻名的鳛水豆腐皮，成为《舌尖上的中国》①的代表美食。还有土城古镇的名小吃——"红灰毛儿"（豆腐乳），这是一道赤水河边几乎家家都会做的一个家常菜，用白豆腐切成块，先用白酒裹一下，然后放入竹筐，盖上稻草，让它生霉，待豆腐长出长长的白毛，就取出来，再用酒润湿，裹上花椒面、辣椒面、食盐，放入陶瓷或玻璃缸中，闷几日（密封发酵）即可食用，也是一种发酵美食。

《史记》记载唐蒙"风指晓南越"，应该包含从比邻南越的番阳县起程"快去、快传、快回"的意思。当时唐蒙的身份是番阳令，受大行王恢的派遣，军事使节意味较重，随行一般几匹快马而已。而后来汉武帝"乃拜蒙为郎中将，将千人，食重万余人"，这种人员、物资的配备，超过了西汉王朝派遣张骞、苏武出使西域的规模，这在当时应该属于特殊安排，是一种极高的礼制规格，反映了西汉王朝对于联合夜郎统合南方这个国家战略的高度重视，也反映了夜郎部族在西南夷地区的中枢地位。唐蒙从鳛部水进入夜郎国，与夜

---

① 《舌尖上的中国》是由陈晓卿执导，中国中央电视台出品的一部美食类纪录片，深受各界好评。该节目主题围绕中国人对美食和生活的美好追求，讲述中国各地的美食生态。节目以轻松快捷的叙述节奏和精巧细腻的画面，向观众，尤其是海外观众展示中国的日常饮食流变，中国人在饮食中积累的丰富经验，千差万别的饮食习惯和独特的味觉审美，以及上升到生存智慧层面的东方生活价值观。

郎国展开外交接触。夜郎王同意汉朝在夜郎国境内设置犍为县、南夷县、夜郎县等地方政权。清朝诗人陈熙晋在组诗《之溪棹歌》中写道"汉家枸酱知何物，赚得唐蒙鳛部来。"随后，汉武帝开始清理西南的少数民族，灭南越、滇国后，接受夜郎国投降，在夜郎故地设置了牂牁郡，封夜郎国王为夜郎王。同时，在20年间，汉朝用巴蜀士兵数万人修筑夜郎道，打破了夜郎与中原、华南隔绝的状态。

枸酱引发唐蒙开拓"西南丝绸之路"，唐代司马贞《史记索隐·述赞》称赞："汉因大夏，乃命唐蒙。劳浸、靡莫，异俗殊风。夜郎最大，邛、筰称雄。及置郡县，万代推功。"霍巍、赵德云在《战国秦汉时期中国西南的对外文化交流》里说的："唐蒙所献之策，在历史上具有极重大之意义，诚如顾炎武《天下郡国利病书》所论：'唐蒙浮舟牂牁之策，诚为凿空，初时臣民惊疑，蛮夷煽动，然劳师殚货卒置郡如土者，虽来喜功之讥，自是华夷一统，亦足征武帝善任成功矣。'其价值确可和张骞'凿空'西域相提并论。"

唐蒙到来的鳛部，千百年后，出现了规模巨大的酱香酒业，截至2020年2月5日收盘，反是贵州茅台中国股市，报2313元/股，总市值2.91万亿。如果把这个数字放进中国2020年的城市GDP排行榜，前四名上北深广的GDP分别为3.87万亿、3.61万亿、2.8万亿和2.5万亿。茅台的市值比深圳GDP还高，成了"中国第三大城市"。2020年，中国酱酒的总产量达到了60万千升，同比增长9%。就销售收入与利润来看，在茅台的带动下，2020年酱酒的总收入达到1500亿元，同比增长14%。全国酱酒销售利润为630亿，同比增长了14.5%。中国酱酒产业以约占白酒行业8%的产能，实现了全行业约26%的销售收入和39.7%的净利润。谈及以茅台、习酒为酱香代表的产业，对于社会的影响和意义，目前的认识，是远远不够的。

鳛部酒谷，河水常流，能生产出酱香酒原材料和酿造工的水和土地，一样生产出其他的美食，枸酱，酱酒，醋，豆腐皮，豆腐乳、麦酱、豆瓣酱，酱酱皆香 —— 酱香酒，也首先是整体有一种类似豆类发酵时的酱香味。酱香是生活口感，也是事业风格，可以赋予生命意义，也可以改变历史之走向。

今日之鳛部，喝酱香酒，吃酱香菜，聊酱香事，是一群人的生活，也是一群人的事业。不论是美酒，还是土豆红薯，或是酱酒香醋调味品，都是土地上的产物，都是人类的需求与安排。地方的历史，由人书写，从不断灭，消失的只是建制史和时代政权。在人类永远追求健康长寿、快乐美好的道路上，不确定在哪一个阶段、哪一个场合，谁比谁更重要，时代的从业者有一份虔诚、敬畏之心，才能在时间的长河中，创造出更多更美好的事物和情感。鳛部水（赤水河）奔流不止，历见繁华，赤水河入江口的汉代石展馆内，联壁宴饮图，复刻着诸多现实生活和那些遥远的天界想象，那些惊世动人的信息，都贮存在每一道食物的来历、种植和食用之中。

食者事大，时代之美，亦见食物之美。

第六节　鰼部传奇

　　1915年，鰼部酱酒，跨越山河，受邀来到大洋彼岸，参加"巴拿马太平洋万国博览会"。这是美国政府于1912年2月为庆贺巴拿马运河即将开通（巴拿马运河区当时由美国统治），而定下的全球商业活动。

　　1913年5月2日，美国政府承认北京袁世凯政府，比较重视中美关系，1914年3月派劝导员爱旦穆到中国，商请中国派代表团参加此次会展。北京政府同意此事，并立即成立农商部全权办理，专门成立筹备巴拿马赛会事务局，在各省相应成立筹备巴拿马赛会出口协会，制定章程，征集物品，颁发《办理各处赴美赛会人员奖励章程》，规定"凡各处办理出品人员征集出品赴美能得到大奖章3种以上，由本局呈报农商部转呈大总统分别核给各等勋章；能得金牌10种以上或银牌20种以上、铜牌40种以上、奖状50种以上者，由本局呈请农商部分别给各项褒奖以示奖励""凡办理出品人员赴美赛如能改良国际商品、倡导海外贸易确有成绩著述者，由本局查实呈请农商部转呈大总统核奖各等勋章"。中国代表团于1914年冬季出发，由美国太平洋邮船公司船只从上海装运，西南赤水河边的酱香酒，也登上了这艘航船，20多天后顺利抵达旧金山。除主办国美国外，30个参赛国中，以中国和日本的参赛展品最多，因此都得到5万平方英尺（相当于5400平方米）的场地。中国代表得到24万美元的参赛经费，包括大宗场馆建筑、转运、陈列装饰、保险、报关等一切与参赛有关的支出。以赴赛监督陈琪①为首的40多名工作人员，将中国展品分为9个陈列馆展出。另外还仿照中国传统宫廷建筑风格搭建了中华政府馆，分为正馆、

---

① 陈琪（1878—1925），字兰薰，号润章，浙江省青田县阜山人，中国现代博览会事业的先驱。1896年以第一名的成绩考入张之洞创办的江南陆师学堂，1899年又以第一名的成绩毕业。他先后于1901年、1903年两度赴日本考察军事。曾任湖南省武备学堂监督兼教导队管带。光绪三十年（1904年），因精通英语，被清政府派赴美国圣路易博览会陈设湖南参赛品。次年，戴鸿慈、端方等五位大臣奉命出国考察政治，陈琪任参赞。归国后到江苏主持南洋劝业会、江南公园诸事。宣统三年（1911年），辽东大饥，陈琪建议开设农业银行，发行纸币20万金，以贷灾民，恢复生产。民国三年（1914年）任中国参与巴拿马太平洋博览会监督兼筹备巴拿马赛会事务局局长，任职三年。1916年归国之时，袁世凯已经病死。1916年8月，赴美机构撤销，陈琪被免职，并不再录用。1926年4月，因患肺病从重庆东归，病逝九江途中。著有《新大陆圣路易博览会游记》《环球日记》《温游纪实》《中国参与巴拿马太平洋博览会纪实》等书。

东西偏馆、亭、塔、牌楼六部分，并比其他展馆提前开幕。1915年2月20日正午12时，巴拿马万国博览会在旧金山开幕，第一天人数就超过20万。巴拿马赛会是中国历史上第一次规模空前的向世界展示经济水平的历史性盛会，赴美展品达10余万种，重1500余吨，展品出自全国各地4172个出品人和单位，共获奖章1218枚，为参展各国之首①。此次展会中，西南赤水河边上的贵州茅台酒在这次活动中得到了金牌。

博览会后，中国出口大幅度增加。当时正值第一次世界大战期间，欧洲战火蔓延，生产遭受严重打击，外货需求大增。巴拿马运河的开通大大缩短了太平洋到大西洋的航程，使美国从中国进口物资转运欧洲方便快捷。博览会当年，纽约、旧金山等地银行、贸易行、大公司、丝厂等纷纷派代表来华考察，组织货源，销往欧洲。此次参展，除了获得国际声誉和贸易机会外，也使中国学到了一些先进的商贸知识。传统上，中国向以丝绸、茶叶、瓷器等著称于世，在筹备参赛的日子中，对这几类特产倾注了特别的精力。当时在欧美市场上，印度、锡兰（今斯里兰卡）茶叶已有将中国茶叶取

---

① 主办国美国从各参赛国中聘请了500名审查员组成这次大赛的评委会。中国由于展品最多，获得了16个席位，最后，中国展品获得各种大奖74项，金牌、银牌、铜牌、名誉奖章、奖状等共1200余枚，在整个31个参展国中独占鳌头。

而代之之势，中国的丝绸出口也呈江河日下之象。但中国最大的不足是缺乏制造业和电气、化工类产品。在产品创新和质优价廉方面，日本引人注目，"凡欧美之物，一经出世，日本即模仿之，始则似是而非，继则收有成效，因其速也，故易于畅销"。在赛会上，印度的红茶和日本的绿茶因由机器制造，色香兼美，规格整齐，几乎夺去中国茶叶的市场。华丝是传统的产品，赛会上的意大利丝和日本丝由机器制造，光泽、洁白度、弹力远远超过中国产品，几乎夺去华丝的席位。中国又称"瓷国"，而在赛会上，日、德、法、奥等国推陈出新，尤其是日本的瓷器，以其颜色鲜明夺目，比中国瓷器更受欢迎。参赛人员回来以后，建议政府应学习外国的先进经验，然而在中国工业面临这个良好契机的时候，未能抓住机遇发展。

此时之中国，热议君主立宪制之道路。

1915年，《二十一条》 交涉刚刚结束，国内出现"共和不适于中国国情"等言论。1915年8月3日，由通晓中国事务的前哈佛大学校长查尔斯·艾略特为袁世凯安排的美籍宪法顾问古德诺教授发表的《共和与君主论》称："…… 大多数之人民智识不甚高尚 …… 由专制一变而为共和，此诚太骤之举动，难望有良好结果 …… 中国将来必因总统继承问题'酿成祸乱'…… 如一时不即扑灭，或驯至败坏中国之独立 …… 中国如用君主制，较共和制为宜，此殆无可疑者也。"

1915年8月14日，杨度会同孙毓筠、李燮和、胡瑛、刘师培及严复成立筹安会，声言"共和不适用于中国"。愈来愈多的"请愿团"上书，要求变更国体。杨度等人认为国

---

① 日本帝国主义妄图独占中国的秘密条款。1915年1月18日由日本驻华公使日置益当面向袁世凯提出。

共有5号，分为21条。主要内容：（1）承认日本继承德国在山东的全部权益，并加以扩大；（2）延长旅顺、大连的租借期限及南满、安奉两铁路的期限为九十九年，并承认日本在"南满"及内蒙古东部的特权；（3）汉冶萍公司改为中日合办，附近矿山不准公司以外的人开采；（4）中国沿海港湾、岛屿不得租借或割让给他国；（5）中国政府须聘用日人为政治、财政、军事顾问，中国警政及兵工厂由中日合办，日本在武昌与九江、南昌间及南昌与杭州、潮州间有修筑铁路权，在福建有投资筑路和开矿的优先权。袁世凯为了换取日本对其复辟帝制的支持，派外交总长陆徵祥、次长曹汝霖同日置益秘密谈判。5月7日，日本提出最后通牒，限48小时内答复。5月9日，袁世凯除对第五号条款声明"容日后协商"外，均予承认。由于中国人民反对，日本的侵略要求未能全部实现。参见《辞海》（第7版），"二十一条"词条。

家必须定于一（一元化领导），共和国选举总统时容易发生动乱，在安定的环境中才能立宪，并逐渐富强。袁世凯还收到《全国护军使劝进称帝文书》，全国各省督军都有签名，包括云南代表蔡锷和唐继尧，劝进文书写道："……芝贵等实见中国国情，非毅然舍民主而改用君主不足以奠长久之治安，是以合词密恳元首，俯仰舆情，扶植正论，使国体早得根本解决，国基早定根本之地位……"1915年8月23日成立后的"筹安会"召集各省文武官吏和商会团体进京商讨国体事宜，各文武官吏除少数表示拥护共和外，如进步党党首、前司法总长梁启超发表《异哉所谓国体问题者》，之外大多表示必须改变国体。1915年9月1日，代行立法院许可权的参政院举行开幕典礼，蔡锷、沈云沛、周家彦等人请愿改变国体，支持帝制的人组成请愿团纷纷向参政院投递实行君主立宪请愿书。袁世凯在1915年9月6日说："本大总统所见，改革国体，经纬万端，极应审慎，如急遽轻举，恐多窒碍。本大总统有保持大局之责，认为不合事宜"。梁士诒又在1915年9月19日成立"全国请愿联合会"取代"筹安会"，向参政院呈上第二次请愿书，要求召开国民会议，由全国选出代表决定国体问题。1915年10月6日，参议院收到各省建议改共和制为君主立宪制的各省代表请愿书有83件。代行立法院许可权的参政院起草"《国民代表大会组织法》"，由全国选出国民代表一千九百九十三人。

1915年12月11日上午9时，这一千九百九十三个国民代表就国体变更进行投票，结果"国民代表大会"以全票通过同意君主立宪制。当日，各省代表民意第一次请求袁世凯就任中华帝国皇帝，袁世凯以无德无能婉拒；第二天（1915年12月12日），袁世凯同意代表们的第二次请求，预改国号为中华帝国，同时打算将1916年更改为"洪宪元年"，"洪宪"，即弘扬宪法之意，并拟定《新皇室规范》："……亲王、郡王可以为海陆军官，但不得组织政党，并担任重要政治官员；永废太监制度；永废宫女采选制度；永废各方进呈贡品制度；凡皇室亲属不得经营商业，与庶民争利……"1915年10月6日，参政院以"尊重民意"为词，召开"国民代表大会"。各省遂匆促选举国民代表，举行"国体投票"，一律"赞成"君主立宪，并推定参政院为国民大会总代表。随后，参政院以总代表名义，上书推戴袁世凯为中华帝国皇帝。袁世凯接受帝位后，随即封官晋爵，改总统府为新华宫，并发行一种以袁世凯的头像和龙作图案的纪念金币和银币，准备于1916年元旦正式登基（登极）。

1915年12月23日夜11时，远在西南赤水河上游的"彩云之南"，唐继尧、任可澄署名的反帝制电报正式发出，电报指出："窃惟大总统两次即位宣誓，皆言恪遵约法，拥护共和。皇天后土，实闻斯言，亿兆铭心，万邦倾耳。记曰：'与国人交止于言。'又曰：'民无信不立。'食言背誓，何以御民。纪纲不张，本实先拔，以此图治，非所敢闻。计自停止国会，改正约法以来，大权集于一人，凡百设施，无不如意。凭借此势，以改良政治，巩固国基，草偃风从，何惧不给，有何不得己而必冒犯叛逆之罪，以图变更国体。"要求立将杨度、严复、刘师培、段芝贵、周自齐、梁士诒等12人"即日明正典刑，以谢天下；涣发明誓，拥护共和"，并以云南军民"痛愤久积，非得有中央永除帝制之实据，万难镇劝"为词，限1915年12月25日10时以前答复。同日，唐继尧、任可澄、蔡锷、戴戡等人并联名照录此电通告全国，请"一致进行"。1915年12月25日期满，未见袁世凯的答复，唐继尧、任可澄、刘显世、蔡锷、戴戡遂联名发出二次通电，称袁世凯为"背叛民国之罪人，当然丧失总统之资格"，并宣布"深受国恩，义不从贼，今已严拒伪命，奠定滇黔诸地，即日宣布独立"。1915年12月27日，唐继尧、蔡锷、任可澄、刘显世、戴戡及军政全体发布讨袁檄文。1915年12月26日，护国军第一军总司令部在云南昆明八省会馆正式成立。讨袁护国军约2万人。蔡锷、李烈钧分任第1、第2军总司令，唐继尧任都督府都督兼第3军总司令。计划第1军攻川，第2军入桂、粤，第3军留守云南，乘机经黔入湘，尔后各军在武汉会师北伐。另由都督府左参赞戴戡率一部兵力入黔策动起义。

护国战争的爆发使得南方多个省份相继回响。与此同时，中华革命党也趁机活动，反对袁世凯，袁世凯被迫在1916年3月22日宣布取消帝制，并在其后不久病逝。

袁世凯《撤销帝制令》

民国肇建，变故纷乘，薄德如予，躬膺艰钜，忧国之士，怵于祸至之无日，多主恢复帝制，以绝争端，而策久安。癸丑以来，言不绝耳。予屡加呵斥，至为严峻。自上年时异势殊，几不可遏，佥谓中国国体，非实行君主立宪，决不足以图存，傥有墨、葡之争，必为越、缅之续，遂有多数人主张帝制，言之成理，将吏士庶，同此恫忱，文电纷陈，迫切呼吁。

予以原有之地位，应有维持国体之责，一再宣言，人不之谅。嗣经代行立法院议定由国民代表大会解决国体，各省区国民代表一致赞成君主立宪，并合词推戴。

中国主权本于国民全体，既经国民代表大会全体表决，予更无讨论之余地。然终以骤跻大位，背弃誓词，道德信义，无以自解，掬诚辞让，以表素怀。乃该院坚谓元首誓词，根于地位，当随民意为从违，责备弥严，已至无可诿避，始终筹备为词，借塞众望，并未实行。及滇、黔变故，明令决计从缓，凡劝进之文，均不许呈递。旋即提前召集立法院，以期早日开会，征求意见，以俊转圜。

予忧患余生，无心问世，遁迹洹上，理乱不知，辛亥事起，谬为众论所推，勉出维持，力支危局，但知救国，不知其他。中国数千年来史册所载，帝王子孙之祸，历历可征，予独何心，贪恋高位？乃国民代表既不谅其辞让之诚，而一部分之人心，又疑为权利思想，性情隔阂，酿为厉阶。诚不足以感人，明不足以烛物，予实不德，于人何尤？苦我生灵，劳我将士，以致群情惶惑，商业凋零，抚衷内省，良用夔然，屈己从人，予何惜焉。代行立法院转陈推戴事件，予仍认为不合事宜，着将上年十二月十一日承认帝位之案，即行撤销，曲政事堂将各省区推戴书，一律发还参政院代行立法院，转发销毁。所有筹备事宜，立即停止，庶希古人罪己之诚，以洽上天好生之德，洗心涤虑，息事宁人。

盖在主张帝制者，本图巩固国基，然爱国非其道，转足以害国；其反对帝制者，亦为发抒政见，然断不至矫枉过正，危及国家，务各激发天良，捐除意见，同心协力，共济时艰，使我神州华裔，免同室操戈之祸，化乖戾为祥和。总之，万方有罪，在予一人！

今承认之案，业已撤销。如有扰乱地方，自贻口实，则祸福皆由自召，本大总统本有统治全国之责，亦不能坐视沦胥而不顾也。方今闾阎困苦，纲纪凌夷，吏治不修，真才未进，言念及此，中夜以忧。长此因循，将何以国？嗣后文武

160

百官，务当痛除积习，黾尽图功，凡应兴应革诸大端，各尽职守，实力进行，毋托空言，毋存私见，予惟以综核名实，信赏必罚，为制治之大纲，我将吏军民当共体兹意。

在1915年，西南赤水河的黔北鳛部之地，新设县，名鳛水。

清代末年，古仁怀县东部常常受到各种小规模的地方起义（清政府称其为匪）的滋扰。为了加强对于古仁怀县东部地域（也是现今的习水县东部地域）的管理，清道光二十年（1840年），在镇压了起义匪徒后，遵义府经移驻到古仁怀县东部的温水，名为"温水府经"，划仁怀县的丁山、小溪、吼滩三里给其就近管辖，此事是习水县的建置之始。习水县的建立是在当时仁怀县和赤水县各自地域划出一部分建立的，取县名、定县治所在地，丁山、小溪、吼滩三里的地方人士要求县名定为"温水县"，县治所在地设温水，赤水里的士绅们不同意，建议取"习水县"，县治设官渡镇。习水设县过程中，因划县争执不休。谢汝钦致函贵州省长刘显世："仁怀县辖区辽阔、丁山四里距县城遥远，鞭长莫及，兼以交通不便，山河梗阻，庶民纳赋涉讼，无不呻吟于道。要利政便民，必须分治"，得到刘显示的赞同，将丁山、小溪、吼滩、赤水四里划习水辖，以官渡为县城。

在鳛水设县中立下大功的谢汝钦，人称"习水关二爷"。

161

早在吉林民政厅任内，就力促桑梓将萃华书院改为新学堂。习水设县初，县城街道简陋，他用自己的积蓄，兴修一条街房致力兴学，在习水威望极大。谢汝钦到任长春知府第二年，光绪二十六年（1900年）夏天，义和团运动席卷吉林省各地。谢汝钦对义和团运动抱有谨慎态度，他曾派人前往镇压制止"土夫"，即雇来修筑铁路的农民拆毁俄国铁路和设施的活动，随着吉林省各地义和团活动的加强，长春的义和团计划在六月初九日（1900年7月5日）这天进攻俄国宽城子站，但是受到谢汝钦的压制而没有行动。六月十七日（1900年7月13日），长春义和团已不受控制，他们烧毁城西小孤榆树村的俄修房屋。六月十九日（1900年7月15日），数十名清兵在长春城外被由昌图来的几百名俄军围歼，于是义和团开始进攻宽城子车站，并将这里的俄人住宅和车站烧掉。随后，他们又烧了城内的法国教堂、英人教会和城外耶稣教堂。为了防止事态进一步扩大，谢汝钦以安抚为主，对义和团拳民，"派员招待，优与饮食，不使外出"。在他的安抚策略下，长春义和团运动"未至大滋也"，长春府内的8座法国教堂，有6座得以保留，被烧掉的那些建筑，事后均由吉林省赔付白银，由商民承担。谢汝钦对时局有着较高的判断和掌控能力，见义和团运动使沙俄找到借口大举进攻东北，便在长春积极筹办防务，挖城壕沟修城墙。后清政府与俄军议和，面对战事失利，义和团首当其冲承担后果，"神勇义和团"变为"拳匪"，受到镇压，吉林省城的义和团大法师敬际信被密捕处死。在长春，谢汝钦对招来的50名义和团成员，并未加害，而是将其遣散。当时俄国军队一路南下，沙俄军队2000多人由一名都统带领，开到长春城外，谢汝钦表现出巨大的胆识，单骑进入俄营，会见俄军首领与其进行交涉，并与俄军约定"无掠民，无犯城，凡有需索，悉为供给"。据《长春县志》记载，俄军被谢汝钦舍身为民的精神所折服，出城驻扎南岭；为防止俄军进城扰民，谢汝钦"慰劳备至"，以此换来长春城内闾阎安堵，商人归市，"太守之设施镇定，人民之不遭大劫者几希"①。

站在大西洋上的船头，带着贵州茅台酒去美国赴赛的监督陈珺，哪里料得到贵州酱香茅台，能够飘香世界，当日时局，国内之产业不能振兴，而今茅台市值，已经是全球酒业市值第一；在贵州茅台带领下，贵州习酒在百年后，在美国洛杉矶国际酒类展评会上获最高奖——"金鹰金奖"，习水大曲分别获"拉斯维加金奖"和"帆船金奖"；1993年，习酒获"布鲁塞尔世界金奖"及"首届国际名酒香港博览会特别金奖"等6项金奖；2020年，习酒销售额突破百亿，并定下了百年习酒，世界一流的目标。

站在长春城头，谢汝钦那能想到，他的老家，在仁怀县

---

① 长春社会科学院.长春厅志 长春县志[M].长春：长春出版社，2002.

和赤水县之间，能共同划出一小片土地，新建一县，取名鳛水。鳛水与赤水、仁怀县呈"品"字之状，但当时鳛水县不足仁怀县面积十分之一，赤水县四分之一；而今，还是在这三个县的总面积上，习水县的行政辖地面积，竟然反过来，分别比仁怀县、赤水县还要大；鳛部水、習水县、习酒镇，三个地理行政区域，"鳛—習—习"，三个中国汉字，成为可以了解东方历史文化的一扇历史之窗。

西南赤水河上游的蔡锷将军，领导护国战争，讨伐袁世凯。从云南，到四川，站在赤水河边，雪山关上，举目四顾，一时英雄无两。大雪纷飞，烟波浩渺，黔岭云横，蜿蜒赤水，浪激波兴，雪山关上的楹联让人感慨万千：

是南来第一雄关，只有天在上头，许壮士生还，将军夜渡；

作西蜀千年屏障，会当秋登绝顶，看滇池月小，黔岭云低。

站在高山之巅，方能"看得云低，看得月小"。当年在京城，与袁世凯交好的蔡锷将军，怎能想到袁世凯对他的查办："蔡锷等讨论国体发生之时，曾纠合在京高级军官，首先署名，主张君主立宪，嗣经请假出洋就医，何以潜赴云南，诪张为幻，反复之尤，当不至此。但唐继尧、何可澄既有地方之责，无论此项通电，是否受人胁迫，抑或奸人捏造，究属不能始终维持，咎有应得……蔡锷行迹诡秘，不知远嫌，应着褫职夺官，并夺去勋位勋章，由该省地方官勒令来京，一并听候查办。"

历史上，西南赤水河发生着、关联着经天纬地的大事业，或者说，有一些与赤水河紧密相关的人物，影响着世界。当年喧嚣，今已尘封；百年时间，转瞬即失。赤水河边的雪山关，海拔1900余米，为四川盆地南沿最高峰，临滇拢黔，因山顶年积雪时间长久而得名。"雪山关，雪风起，十二月，断行旅。"① 冬雪融时，路又起。逝者的荣光，不在于受时人之赞美，而在于是否有后人为之效法，古今多少事，以酒相逢，条条大道，条条相通。在人类的发展史上，在世界文明的前进道路上，赤水河谷，人杰地灵，有酒芬芳。

---

① 明代四川状元、著名诗人杨升庵谪戍云南永昌卫，往返四川云南，屡次途经叙永雪山关，留有"雪山关，雪风起。十二月，断行旅。雾为箐，冰为台。马毛缩，鸟鸣哀。将军不再来，西路何时开"的诗句。此诗吟唱出雪山关的雄伟气势和翻越雪山关的艰辛，被后人镌刻于石碑之上。

后　记

人们相信物品终会解决未来的问题。即使个人或集体的冲突，似乎都可以被一个物品所解决。

有时，购买物品并非因为物品的交换价值或者使用价值，更主要的是由于物品的象征意义（符号价值）。物品是自身欲望的投射，"物品即是自身"。人类生产物品，在于它是一个实用问题的解决之道，往往也衍生出一项社会和心理冲突的解决之道。世界上的矛盾，虽然并非都由物品所引起，但基本都可以通过物的"占有"与"消费"去缓解，甚至彻底解决。获得物品的通常途径，是获得金钱，然后购买，即消费行为。于是，消费行为又成为解决人类矛盾的一剂良药。

生产者拥有天生的动机，那就是让更多的人购买自己生

产的物品 —— 通过不断创新物品的形式，或提高物品的技术，让物品不断地失去效用，以使消费者将之使用、抛弃，再度不断购买，于是，物品的寿命越来越短。技术越来越快的迭代，如同生命新生与死亡，一次又一次上演，消费行为的发生频率也越来越快。然而，当这样的情形"遇上"收藏，似乎一下子会"冷静"了许多。通过收藏，看似多了消费，但又好像是在消费之上，减少了什么 —— 不论是生产者，还是消费者，通过收藏，一定程度上都能消解生命中的一些焦虑，看见自己，救赎自己，解脱自己。

收藏的终极话题，是一个人和宇宙的较量，与时间的较量。显然，人不能战胜宇宙，但是在时间上，可以找到一点点方法。人的一生，很短，不要对什么都好奇，但也应该有所好奇，留一点时间给别人，同时也留一点时间给自己。

2021年10月26日至27日，由阿里拍卖·老酒集市主办，以白酒老酒的投资和收藏为主基调的2021全球老酒节在杭州举行，其中，1992年的年一瓶八星习酒藏品，起价5000元，最后成交价是25.1万元；一坛500L的习酒传世封坛老酒，起拍价120万元，最后以220万元成交，成为全场竞拍成交单价最高的拍品。习酒的品牌和价值，催生了酱香习酒收藏热，"趁势而上"的爱好者，还需要对酱酒和收藏有更深层次的了解。

酱酒收藏，是一场时间上的旅行 —— 世界一流的习酒，一定会是"百年习酒"，然而百年之外，今日的读者与作者，或已去另外一个世界，今日之世界，已然是另外一群人的世界。愿能够因为这一代人有所努力，习酒能伴随更多人的生活，并带去更多美好。

附录

《遵义府志·物产》

《谷类》

五谷　杨雄《蜀都赋》："五谷冯戎。"左思《蜀都赋》："黍稷油油，粳稻漠漠。"常璩《巴志》："土植五谷。"又《土风诗》："川崖惟平，其稼多黍；野惟阜丘，彼稷多有。"按：五属种稻，高田下湿，各因土宜，籼、糯不下二三十名，皆清明前后种，八月收。

麦，供饼饵者为小麦，供饭者为大麦；又有一种名老麦，供制酒，亦作饭。

燕麦，俗呼香麦，又呼油麦，作饼，人珍食之。并八月种，四月收。惟香麦种、收稍迟。

稷，俗呼高粱，十九酿酒，贫者亦作饼饭。清明前种，八月收。黍。俗呼黍子，间有种者，三月种，九月收。

禾，俗呼小米，山农多种之以作饭。三月种，八月收。

170

大豆，俗呼黄豆，清明后种，八月收。

赤黑豆，名钟子豆，种、收同。并以磨豆腐、作豉、及糍粉。

蚕豆，俗呼胡豆，九月种，四月收。

豌豆，白者名白豌，斑者名麻豌，种、收同。并以和饭，作粉缆。

绿豆，清明后种，八月收。以煮粥、作缆、供燕食。

米豆，有白者，斑者，有一种小而斑者为猫豆，又名爬山豆，种、收同。并以作饭。

胡麻，名脂麻，以揩茶、点糖饼、榨油。一种火麻，茎皮可绩。一种似苏者，曰苏麻子，并中揩茶。并三月种，八月收。

荍，俗呼荞麦。又名荍子，岁两种，春荍，二月种，四月收；秋荍，七月种，九月收。以作饼饵，或扚粉和米作饭。

稗，三月种，八月收。更有水稗，种水田。与稻同，其长大似高粱，俱分粘、糯。并以作饼、饭。又有草子，种、收同。水地山地俱可种。

玉蜀黍，俗呼包谷，色红、白，纯者粘，杂者糯。清明前后种。七八月收。岁视此为丰歉，此丰、稻不大熟亦无损。价视米贱、而耐食，食之又省便。富人所唾弃，农家之性命也。其糜作糖，视米制更甘脆。

天星米 《金川琐记》：天星米，米如黍粒，可作粮食。叶经霜，红如老少年。秋深，满山红叶，亦一大观。按：土人以米炒成花，和糖，抟作饼，切片以食，名天星饼。

《蔬类》

西瓜 仁怀种之。

《果类》

杨梅 《北户录》：杨梅，播州有白色者，甜而绝美。周必大《次韵杨梅诗》："越人一枝古所重，蜀无他杨谱则同。"《通志》：杨梅出绥阳、仁怀二县。按：各属并多。

荔支 果树之珍者，树有荔支。按：荔支、仁怀、桐梓并产。《仁怀志）言，相传兹土有荔支，惟旧县有二株，挺生，味酢。非其实也。

香橼 《通志》：出仁怀者，皮粗而大，香于他郡。

佛手柑 《通志》：亦出仁怀。

密罗柑 《仁怀志》：三岁一熟，芳馨可遗。

红子 《仁怀志》：弥冈被野，红碧可把，花干与竺花相似，古之青精饭，闻用天竺子汁以渍米食之，或此种未可定。《戊子篇》：红子、木类，山谷道旁多有之。高二三尺，丛生拳密，根最坚深，枝间刺如锥。二三月开细白花，结子圆扁，有如大豆者，有如细豆者。大者味极甘，细者稍苦涩。子如红火，亦有黄色者。八九月熟。若至冬经霜雪其味尤佳。尝有句云："黄茅傲雪棱偏利，红子经霜味更甜。"按：今贫家，及其熟时，争摘之，磨以蒸饼作粮。惟久食难便。道光一、二年，郡大歉，民多赖以饱。语云："嘉庆接道光，红子当正粮。"

刺梨 《戊己编》：红子、刺梨二物，山原之间，妇馌未来，午茶不继，则耕牧之粮也；途左道旁，贩夫肠吼，行子口干，则中路之粮也。黔中当乾隆己丑、庚寅大歉，饥民满山塞野，以此全活者多。今黔人采刺梨蒸之，曝干，囊盛，浸之酒盎，名刺梨酒，味甚佳，是古制也。

《货类》

布 《通志》：布，土人所织，甚粗。按：宽者名大土布，狭名土布，又名小布，背布，箔布。

丹砂 《仁怀志》：采砂甚难。

漆 《陈志》：郡产。《仁怀志》：县有漆园，费广文大有自费州移此。

茶 《仁怀志》：小溪、二郎、土城、吼滩、赤水产茶，树高数寻。额征茶课。按：五属惟仁怀产茶，清明后采叶，压实为饼，一饼厚五六寸，长五六尺，广三四尺，重者百斤，外织竹筐包之。其课本县输纳，多贩至四川。各县圃中，间有种者，与湄潭茶同，亦不能多也。又有老鹰茶、苦丁茶、女儿茶、甜茶，皆生山谷。

《饮食类》

茅台酒《田居蚕室录》：仁怀城西茅台村制酒，黔省称第一。其米纯用高粱者，上；用杂粮者，次之。制法：煮料、和曲，即纳地窖中，弥月出窖烤之。其曲用小麦，谓之白水曲，黔人又通称大曲酒一曰茅台烧。仁怀地瘠民贫，茅台烧房不下二十家，所费山粮，不下二万石。青黄不接之时，米价昂贵，民困于食，职此故也。

《遵义府志卷十四·赋税二》

仁怀县

年额茶课银一两六钱九分三厘八毫。《陈志》《贵州通志》《档册》并同。

年额茶引税银六十二两五钱，并解藩库弹收。《贵州通志》《档册》同。正课外。平耗银十四两二钱五分。引税外、脚力、部费、殊纸、饭食银二十三两九钱五分。俱解司。

按：《陈志》仁怀茶引税银五十两，茶引二百张，每引载茶一百斤，征银二钱五分。《通志》引税已多十二两五钱，则在雍正、乾隆间已增五十引也。

《仁怀直隶厅志·物产》

沈莹《临海水土异物志》，宋祁《益部方物略》，类皆地大物博，取多用宏。厅，蕞尔地，重山複岭，溪亘其中，虽非大江沃野，而有竹木之饶，凡本境所有者，备书之。志物产。

谷　属

稻　早稻二月种，七月熟；晚稻四月种，八九月熟。有七十子百早，红脚早，毛香早。贵阳粘、瘦不死、牛毛粘。

糯　谷　凡谷，古皆谓之稻。《诗》"十月获稻，为此春酒"。《论语》"食大稻"是也。后以谷之不粘者谓之秔，亦谓之粳，又谓之籼。谷之粘者，谓之稌，亦谓之秫，又谓之糯。郑樵《通志·昆虫草木略》曰："稻有粳、糯二种。五谷之类，皆有粳、糯。粟之糯曰粱、曰粢，黍之糯曰秫、曰众"。《尔雅》云"众黍"是也。

早　稻　旱地栽之，能耐暑。

黍　氾胜之书曰"黍暑"也。当暑而生，暑后乃成也。《农政全书》曰："穄之苗，叶茎穗与黍不异。穄者，黍之别种也。"

稷　《农政全书》曰："礼祭宗庙，稷曰明粢。南人呼稷为穄，谓其米可为穄也。"古所谓稷通称为谷，或称粟粱与秫，则稷之别种也。李时珍《本草》："稷与黍，一类二种也。"

大　麦　《尔雅》曰："大麦麰，小平麦秾。"陶隐居《本草》云："大麦为五谷长，即今稞麦也。"似穬麦，惟无皮耳。穬麦是今马食者，今人皆指穬为大麦。

小　麦　郑康成曰："麦者，接绝续乏之谷。一尤宜种之。"

燕　麦　《尔雅》："蘦，雀麦。"郭璞《注》："雀麦，即燕麦，有毛。"

荞　麦　一曰"蚥"，有甜、苦二种。

粟　《尔雅》曰："虋赤苗，芑白苗。"郭璞《注》："虋今之赤粱粟也，芑今之白粱粟也。"李时珍《本草》曰："粱即粟也。"《周礼》："九谷、六谷，有粱无粟，自汉以后，始以大而毛长者为粱，细而毛短者为粟，今通呼为粟，而粱之名隐矣。"《正字通》："古者，以粟为黍稷，粱，秫之总称，而今之粟在古，但称为粱。"

穄　子　子如荍麦，抽茎有三稜，结穗如粟，分数歧内，细子如麦粒，捣米为麨，味涩，一名龙爪粟，俗名鸭稗。

苞　谷　一名玉米，或称玉麦，又称玉蜀秫，玉蜀黍，又曰玉高粱，江浙呼为茹茹米，其种古无有也。李时珍《本草》曰："玉蜀黍，种出西土，甘平无毒。"黔中种苞谷最多，难久贮，每苞不损其粒，可藏三年。

红　稗　稗者，禾之卑，故字从卑，土人种红稗者，亚于苞谷。

草子米　野生，味粗而淡。

高　粱　即芦穄。

大　豆　《尔雅》："戎菽，谓之荏菽。"孙炎《注》："我菽，大菽也。"《广雅》："大豆，菽也。豆角曰荚，叶曰藿，茎曰萁。"李时珍《本草》："大豆有黑白黄褐青斑数色。"

黄　豆　李时珍："大豆，惟黑者入药，而黄白豆炒食，作腐造酱笮油，盛为时用。"

红　豆　大如珠。

绿　豆　此处绿豆最佳，可止红痢。《农政全书》言："蝗不食绿豆、豌豆、虹豆、大麻、苘麻、芝麻、薯、蓣，农家宜兼种以备不虞。"

黑　豆　黑、红二种。

177

青　豆

藊　豆　有黑白赤数种，白者可入药，一名蛾眉豆。

豇　豆　一名降蹳菜，必双生，红色居多，故名。李时珍曰："豇豆，蔓生，花红、白二色，荚白红，叶赤，斑驳数色，长者二尺开花结荚，两者相垂，有习坎之义，其子微曲，象人肾形，所谓豆为肾谷者，宜以此当之。"

豌　豆　亦名胡豆。李时珍曰："种出西胡，其苗柔弱宛宛，故得豌名。百谷中最先登者。又蚕豆，蚕时始熟，故名。"

刀　豆　藤生，荚长一尺，味淡。

猴子豆　有红、白二种，另有一种花红色。

胡　麻　陶宏景《本草经注》曰："胡麻入谷之中，惟此为良。绳黑者名巨券。本生大宛，故名胡麻，胡麻油生笮者良，蒸炒者，止可食及燃灯用耳，不入药用。"郑樵《昆虫草木略》："胡麻曰巨券，曰狗虱，曰方茎，曰鸿藏、曰方金、曰藤引叶、曰青蘘。"今之油麻也，亦曰脂麻。①

---

① 仁怀政协学习文卫委.仁怀文献辑存【M】.北京：中国文史出版社，2009：630-632.

国家标准：酱香型白酒（GB/T 26760－2011）

本标准按照GB/T 1.1－2009给出的规则起草。

本标准由中国轻工业联合会提出。

本标准由全国白酒标准化技术委员会（SAC/TC 358）归口。

本标准起草单位：国家酒类及饮料质量监督检验中心、贵州省产品质量检验检测院、中国贵州茅台酒厂有限责任公司、四川郎酒集团有限责任公司、贵州茅台酒厂（集团）习酒有限责任公司、山东青州云门酒业（集团）有限公司。

本标准主要起草人：季克良、冯永渝、田志强、寻思颖、蒋英丽、王莉、钟方达、汪地强、孟望霓、刘宇驰、粟周伟、张倩、杨国先、肖阳。

酱香型白酒

1 范围

本标准规定了酱香型白酒的术语和定义、产品分类、技术要求、试验方法、检验规则、标志、包装、运输和贮存。

本标准适用于酱香型白酒的生产、检验与销售。

2 规范性引用文件

下列文件对于本文件的应用是必不可少的。凡是注日期的引用文件，仅注日期的版本适用于本文件。凡是不注日期的引用文件，其最新版本（包括所有的修改单）适用于本文件。

GB 1351 小麦

GB 2757 蒸馏酒及配制酒卫生标准

GB/T 5009.48 蒸馏酒及配制酒卫生标准的分析方法

GB 7718 食品安全国家标准 预包装食品标签通则

GB/T 8231 高粱

GB 10344 预包装饮料酒标签通则

GB/T 10345 白酒分析方法

GB/T 10346 白酒检验规则和标志、包装、运输、贮存

3 术语和定义

下列术语和定义适用于本文件。

3.1 酱香型白酒 jiang-flavour Chinese spirits

以高粱、小麦、水等为原料，经传统固态法发酵、蒸

馏、贮存、勾兑而成的，未添加食用酒精及非白酒发酵产生的呈香呈味呈色物质，具有酱香风格的白酒。

4 产品分类

按产品的酒精度分为：

高度酒：酒精度45%vol ～ 58%vol；

低度酒：酒精度32%vol ～ 44%vol。

5 产品分级

5.1 以大曲为糖化发酵剂生产的酱香型白酒可分为优级、一级、二级。

5.2 不以大曲或不完全以大曲为糖化发酵剂生产的酱香型白酒可分为一级、二级。

6 技术要求

6.1 主要原料

6.1.1 高粱

符合GB/T 8231的相关规定。

6.1.2 小麦

符合GB 1351的相关规定。

6.2 感官要求

高度酒、低度酒的感官要求应分别符合表1、表2的规定。

表1 高度酒感官要求

项目	优级	一级	二级
色泽和外观	无色或微黄，清亮透明，无悬浮物，无沉淀		
香气	酱香突出，香气幽雅，空杯留香持久	酱香较突出，香气舒适，空杯留香较长	酱香明显，有空杯香
口味	酒体醇厚，丰满，诸味协调，回味悠长	酒体醇和，协调，回味长	酒体较醇和协调，回味较长
风格	具有本品典型风格	具有本品明显风格	具有本品风格
当酒的温度低于10℃时，允许出现白色絮状沉淀物质或失光；10℃以上时应逐渐恢复正常。			

表2 低度酒感官要求

项目	优级	一级	二级
色泽和外观	无色或微黄，清亮透明，无悬浮物，无沉淀		
香气	酱香较突出，香气较优雅，空杯留香久	酱香较纯正，空杯留香好	酱香较明显，有空杯香
口味	酒体醇和，协调，味长	酒体柔和协调，味较长	酒体较柔和协调，回味尚长
风格	具有本品的典型的风格	具有本品的明显风格	具有本品风格
当酒的温度低于10℃时，允许出现白色絮状沉淀物质或失光；10℃以上时应逐渐恢复正常。			

6.3 理化指标

高度酒、低度酒的理化指标应分别符合表3、表4的规定。

表3　高度酒理化指标

项目	优级	一级	二级
酒精度（20%）/（%vol）	45～58		
总酸（以乙酸计）/（g/L）≥	1.40	1.40	1.20
总酯（以乙酸乙酯计）/（g/L）≥	2.20	2.00	1.80
己酸乙酯/（g/L）≤	0.30	0.40	0.40
固形物/（g/L）≤	0.7		
酒精度实测值与标签标示值允许差为±1.0%vol。			

表4　低度酒理化指标

项目	优级	一级	二级
酒精度（20%）/（%vol）	32～44		
总酸（以乙酸计）/（g/L）≥	0.80	0.80	0.80
总酯（以乙酸乙酯计）/（g/L）≥	1.50	1.20	1.00
己酸乙酯/（g/L）≤	0.30	0.40	0.40
固形物/（g/L）≤	0.7		
酒精度实测值与标签标示值允许差为±1.0%vol。			

6.4 卫生指标

应符合GB 2757的规定。

7 试验方法

7.1 感官要求、理化指标的检验按 GB/T 10345 执行。

7.2 卫生指标的检验按 GB/T 5009.48 执行。

8 检验规则

检验规则按 GB/T 10346 执行。

9 标志、包装、运输和贮存

9.1 标志

产品标签应符合 GB 10344 及 GB 7718 的要求。

9.2 包装、运输和贮存

按 GB/T 10346 执行。

国家标准《酱香型白酒》由 TC358（全国白酒标准化技术委员会）归口上报及执行，主管部门为中国轻工业联合会。

主要起草单位 国家酒类及饮料质量监督检验中心、贵州省产品质量检验检测院、中国贵州茅台酒厂有限责任公司、四川郎酒集团有限责任公司、贵州茅台酒厂（集团）习酒有限责任公司、山东青州云门酒业（集团）有限公司。

主要起草人 季克良、冯永渝、田志强、寻思颖、蒋英丽、王莉等。

国家标准《酱香型白酒》(征求意见稿)
编制说明

一、工作情况简介

为了维护酱香型传统优质白酒产业的主导地位，规范酱香型白酒产业，提高酱香型白酒的产品质量，引导和促进酱香型白酒生产企业的健康发展。2007年我院（国家酒类及饮料质量监督检验中心）向国标委提出了制定《酱香型白酒国家标准》的计划。今年初，国家标准委下达《2007年第7批国家标准制修订计划》，由我院承担酱香型白酒国家标准的起草任务。今年5月我院发函征集有关单位和骨干企业参与起草标准工作。在6月13日召开了第一次标准起草工作会议，省内外企业、协会、院校、酿酒杂志的21位专家，参加了会议。在会上各位专家踊跃发表见解，通过讨论和商议形成了酱香型白酒国家标准的制定原则和工作计划。原则就是：总结、继承和发扬酱香型白酒的传统工艺，保留传统酱香型白酒独特风格和技术创新；充分的调查、分析现有酱香型白酒生产企业现状，在摸清生产工艺、产品特性的基础上，求大同存小异，按国家标准的制定程序和步骤，制定出体现酱香型白酒特征风格的标准，从工艺、口感和理化指标上定义酱香型白酒、界定酱香型酒档次。通过广泛检索国内、外相关技术标准和法规，特别是国际标准、国外先进标准和强制性、限制性的法规规定，制定出的酱香型白酒标准要符合国内、国际相关法规的规定。

根据专家的意见，我院制定了调研计划，于6月22—27日组织技术人员到贵州茅台酒厂、习酒厂、四川郎酒厂、仁怀金士利酒厂、仁怀中心酒厂等，了解不同规模、不同工艺企业基本情况。通过调研活动进一步明确了下一步的工作计划。一是做一次较全面的基础调研，包括：企业规模、产量、产值利税、人员等基本情况的调查，以及企业使用原料、曲药、生产工艺、酿酒设备等情况调查。二是组织一次感官品评活动，全面深入了解酱香型白酒的质量状况。三是抽取或购买一定数量典型样品进行理化指标检验，包括常规理化及有益成分含氮化合物（吡嗪含量）指标、己酸乙酯、醛类总量等指标，期望能提出有代表性的特征特性指标。四是专人负责对国内外相关标准、法规的检索、查询。经商议并向省局有关领导汇报，确定了起草组成员单位：本院及贵州茅台酒厂股份有限责任公司、四川郎酒集团有限责任公司、贵州茅台集团习酒公司，明确了起草组成员及各成员的分工。具体工作情况：

1. 调查和取样工作

今年7月至8月上旬，有针对性的集中调查了贵州、四川、湖南三省28家企业的基本情况、基础工艺情况。其中，分别有代表性的选取了酱香型白酒的大型企业、中型企业和小型企业。

1.1 企业基本情况

被调查的28家企业中，年产量在1000吨以下的企业有17家，年产量在1000吨~5000吨的企业有9家，年产量在5000吨以上的企业有2家；年产值在1000万元以下的生产企业有8家，年产值在1000万元~5000万元的生产企业有9家，年产值在5000万元~10000万元的生产企业有2家，年产值在1亿元以上的生产企业有9家。

1.2 企业的基本工艺特点

目前酱香型白酒生产企业采用的工艺主要有三种：

（1）传统的大曲酱香工艺：以优质高粱为原料（不破碎或破碎20%），用小麦制高温大曲作为糖化发酵剂，两次投料、高温堆积，采用条石筑的发酵窖，经九次蒸煮、八次发酵、七次取酒，采用高温制曲、高温堆积、高温发酵、高温流酒的特殊工艺，生产周期为一年，按酱香、醇甜及窖底香

3种典型体和不同轮次酒分别长期储存，精心勾调而成的具有典型酱香型风格的蒸馏白酒。该工艺白酒酱香突出，幽雅细腻，醇厚协调，回味悠长，空杯留香持久，原料出酒率达到25%~28%。采用此工艺的企业自报有12家。

（2）麸曲（碎沙）酱香工艺：以粉碎的高粱为原料，用小麦制高温大曲、麸曲、糖化酶（或干酵母）等，按一定比例作为糖化发酵剂，采用条石筑的发酵窖发酵或地面直接堆积发酵，经发酵、蒸馏、勾调而成的具酱香型风格的蒸馏白酒。该工艺发酵时间短、贮存期短、资金周转快、出酒率比传统大曲酱香工艺高40%~50%，被许多中小型酱香白酒生产企业广泛采用。但与优质大曲酱香型白酒相比酒质尚有一定差距。采用此工艺的企业自报有14家。

（3）以传统的大曲酱香工艺和麸曲（碎沙）酱香工艺生产出的原料酒为基酒，按不同比例勾调而成。该工艺被许多酱香白酒生产企业所采用。

1.3 酱香型白酒国家标准验证样品抽样情况

本次调研抽取了28家大中小型酱香白酒生产企业所生产的不同工艺，不同价位成品酒共73个样品。其中①号工艺49个；②号工艺11个；③号工艺11个；其他工艺2个（不属于酱香型白酒的生产工艺）。信息均由生产企业提供。

2.产品技术参数确定和验证工作

今年9—10月省质检院完成了73个样品的常规理化指

标（总酸、总酯、酒度、固形物）、气相色谱毛细柱和填充柱的色谱数据（包含乙醛、乙缩醛、己酸乙酯、正丙醇、乳酸乙酯等），茅台集团技术中心完成了36个含氮化合物（吡嗪等）指标的方法摸索和基础数据。同时，起草小组还购买了10个低档次酱香酒，进行了常规检验和色谱检验，收集整理了多年积累的100多个酱香型白酒数据。

3. 感官指标验证工作

2008年9月21日—9月22日，贵州省质检院（国家酒类及饮料质检中心）组织11位评酒专家（评酒专家组由国家级白酒评酒委员及特邀酒行业专家、质检机构技术人员组成），对收集的贵州、四川、湖南等地生产的酱香型白酒共73个酒样进行了感官鉴评，感官鉴评采用密码编号，确保公平、公正、客观、准确。其中自我申报生产工艺为大曲酱香的有50个，麸曲工艺的有9个，"大曲+麸曲"工艺的有12个，其他2个。大部分酒样均有酱香明显、突出等风格特点，但也不同程度地存在窖香露头、杂味、味短、酸涩味、窖泥味、欠细腻、欠协调、欠丰满、偏格等缺点。低度酒中只有1个酒样4位评委认为酱香不明显，偏格。其他低度酒样酱香明显或突出。高度酒中约有10%的酒样，专家评价偏格、不属酱香酒，1个酒样酱香差、味杂，有异香、异味，不具酱香型酒风格，与该企业提供的非酱香工艺情况相符。其他工艺酒2个，从评语本身看，认为有外加香、泥味、己酸乙酯香、不具酱香型酒风格。

这次鉴评活动，对生产企业提高产品质量具有指导作用，同时，也为酱香型白酒国家标准中感官指标的文字描述提供了基础材料。

二、标准编制

1.基本构架

包括范围、规范性引用文件、术语和定义、产品分类、要求（感官、理化、卫生、净含量）、试验方法、检验规则和标志、包装、运输、贮存七个方面。与同类白酒产品的国家标准相类似。

根据酱香型白酒生产企业调查情况，将本标准名称定义为"酱香型白酒"。酱香型白酒分为优级和一级两个级别，标准中优级的感官指标、理化指标与大曲酱香型白酒相对应。

产品分类：征求企业和有关专家反馈意见，综合目前酱香型白酒产品的实际情况将酱香型白酒按酒精度分为高度酒和中低度酒，其中高度酒酒精度为45.0%vol~58.0%vol，中低度酒酒精度为33.0%vol~44.0%vol。这是根据酱香型白酒的特殊生产工艺及其典型的风格特征而制定的，它有别于其他香型白酒分类。其中按酒精度产品分类"中低度酒"是第一次出现在白酒标准中。

2.术语和定义的确定

根据调查了解收集的有关资料，总结酱香型白酒工艺特色、特点，结合标准的描述需要，反复征求酱香型骨干企业专家的意见，强调以高粱、小麦为原料，固态法发酵，经蒸馏、陈酿、勾兑、贮存，不允许添加食用酒精及非白酒发酵产生的物质等内容，纳入酱香型白酒的定义。原料：高粱采用GB/T8231的描述。小麦：采用GB/T1351的描述。

起草小组考虑酱香型白酒的工艺现状较复杂，立足于强调固态法白酒的工艺基础要求和国家标准的广泛适用性，参考浓香型白酒等同类国家标准的描述方式，确定简化工艺描述，暂未将高温大曲、堆积发酵、高温发酵等定义和术语放在标准中。最终以GB/T 15109《白酒工业术语》为依据，确定酱香型白酒的术语和定义。

3.技术要求的确定

3.1感官指标

依据本次制标活动收集的73个典型样品，专家评语的分析和总结，准备根据生产工艺的不同分别给出大曲酱香型白酒和麸曲及其他曲酱香型白酒的色泽和外观、香气、口味、风格等感官评语文字描述，其中大曲酱香型白酒分为优级和一级两个级别，麸曲和其他曲酱香型白酒不分级别。在最后形成过程中，反复征求企业、专家的意见，多次修改后形成评语文字描述，起草小组考虑到标准的定位和普适性，提出汇总的酱香型白酒的感官评语描述。

3.2 酒精度

本次制标收集的73个样品：高度酒（45%vol以上）67个，中低度酒（45%vol以下）6个，酒度最低的38%vol，最高的56度%vol（基酒）。征求到企业意见认为：酒度太低不具酱香型白酒风格，跨度太大不利于理化指标的控制，分太细感官、理化指标不好描述，考虑各个方面的意见，根据酱香型白酒工艺特色，规定为中低度酒酒精度33.0%vol ~ 44.0%vol，高度酒酒精度45.0%vol ~ 58.0%vol。参考浓香型白酒等同类国家标准的规定，酒精度实测值与标签标示值允许误差为 ± 1.0%vol。

3.3 总酸、总酯

参照酱香型白酒国家标准起草小组本次收集的73组典型实物样品，组织专家组的感官品评意见及相关指标的验证数据统计情况，结合各酱香型白酒行业反馈的意见和建议，制定相应等级的质量指标。

从检测数据情况分析，中低度酒（33%vol ~ 44%vol）总酸在1.20g/L ~ 2.11 g/L范围；高度酒（45%vol ~ 58%vol）总酸在1.35g/L ~ 2.90g/L范围。针对酱香型白酒有机酸含量很高，且明显高于其它香型白酒，结合感官品评结果，总酸规定高度酒：≥1.50g/L（优级），≥1.20（一级）。中低度酒：≥1.20g/L（优级），≥1.00 g/L（一级）。

从检测数据情况分析，中低度酒（33%vol ~ 44%vol）总酯在2.17g/L ~ 2.62g/L范围；高度酒（45%vol ~ 58%vol）总酯在2.02g/L ~ 4.68g/L范围。结合感官品评结果，总酯规定高度酒：≥2.20 g/L（优级），≥1.80 g/L（一级）。低度酒：≥1.50 g/L（优级），≥1.10 g/L（一级）。

3.4 己酸乙酯

己酸乙酯第一次在酱香型白酒标准中提出作为限量指标，不同于浓香型等其他香型的白酒。根据专家组的感官鉴评意见，对己酸乙酯超过0.20 g/L的白酒样品，均得分较低，趋势较明显。己酸乙酯超过0.40 g/L的白酒样品，专家的评语为：窖香明显，不属酱香型酒；显异香；酱香欠明显等。己酸乙酯在0.20 g/L ~ 0.40 g/L的白酒样品，专家的评语为：偏浓香，糟香露头，风格欠典型；酱香欠明显，风格不典型，异香较重；香料味，偏格，不能算酱香。由此准备将己酸乙酯限定在0.20 g/L以下，考虑到各实验室间数据的差异，最后规定酱香型白酒的己酸乙酯（高度酒、中低度酒）：≤0.25 g/L。

3.5 固形物

根据GB/T18356 — 2007《地理标志产品 贵州茅台酒》及DB52/526 — 2007《酱香型白酒》，参考多年积累的酱香型白酒固形物数据，本次在73个典型样中检测的40组固形物数据，最高0.66 g/L，最低0.07 g/L，大多在0.30 g/

L ～ 0.50 g/ L之间，因此规定固形物指标不分等级，规定高度酒：≤0.70 g/L；低度酒：≤0.80 g/L 。对于特殊陈年酱香型白酒，固形物超出此范围，建议制定企业标准。

3.6 卫生指标

应符合GB2757的规定。GB2757《蒸馏酒及配制酒卫生标准》是强制标准，2006年该标准的修改单取消了杂醇油指标，故在本标准中也未规定杂醇油项目。同时为了抑制某些液态法串香酒冒充固态法酱香酒，增加强制性条款：不准添加任何呈香、呈味、呈色物质。

3.7 净含量

按照2005年国家质量监督检验检疫总局第75号令《定量包装商品计量监督管理办法》的规定执行。

4.检验方法及检验规则

感官、理化指标按GB/T10345《白酒分析方法》，卫生指标按GB/T 5009.48《蒸馏酒及配制酒卫生标准的分析方法》，净含量按照JJF1070 — 2005《定量包装商品净含量计量检验规则》。检验规则直接采用GB/T 10346 — 2006《白酒检验规则和标志、包装、运输、贮存》。

5.其他说明

起草小组在制定本标准过程中，一直在寻找酱香型白酒的特征性组分，为此查阅了大量的相关资料，还进行了许多数据验证工作，开发了"含氮化合物、乙醛、乙缩醛、正丙醇、糠醛"等新的检测方法，但由于各种原因这些个性指标暂未考虑在标准中，具体情况如下。

（1）本次选择了部分典型样品对含氮化合物（吡嗪总量）进行了检测，有一定的趋势性，典型的酱香型白酒如茅台酒，其吡嗪总量较高。但目前检测方法没有经过多个检测机构的验证，不是很成熟，且标样购置困难，仪器设备要求高，因此暂不考虑。

（2）本次验证数据还包含了"乙醛、乙缩醛、正丙醇、糠醛"，根据我们的检测，以及收集的大量其他香型白酒的数据，的确有很大差异，但这些敏感性指标的高低与口感、质量等级的因果关系、趋势性均未完全明了，拿进标准中是否会对酱香型酒造成影响还有待于进一步探讨。

三、国内外标准的查询和检索和采用

国内标准查询了GB/T10781.1 — 2006《浓香型白酒》、GB/T10781.2 — 2006《清香型白酒》、GB/T10781.3 — 2006《米香型白酒》、GB/T20822 — 2007《固液态法白酒》、QB/T2524 — 2001《浓酱兼香型白酒》及现行的地方标准DB52/526 — 2007《酱香型白酒》、GB11856 — 89《白兰地》、GOST5363 — 1993《伏特加酒验收规则和试验方法》、GOST7190 — 1993《甜酒–伏特加酒制品技术条件》、GOST12545 — 1981《伏特加酒和特制伏特加酒：包装、标

志、运输和贮存》ASTME-1879 — 2000（2004）EL《含酒精饮料的感官评定指南》、CNS14848 — 2004《白酒》等。

总之，该标准的制定填补了酱香型白酒国家标准的空白，对企业生产和改进质量具有一定的指导作用。通过制标活动全面了解酱香型白酒企业基本情况，积累了大量基础数据，也为今后改进和完善标准奠定了基础。

酱香型白酒国家标准起草小组

2008年11月20日

世界酱香型白酒核心产区企业共同发展宣言

  酱香型白酒，发端于赤水河谷地，经万千中国工匠世代相传，秉持顺天敬人、遵从节律，道法自然之功法，有幽雅细腻、酒体醇厚、回味悠长之秉性，以严格的原料挑选、苛刻的产区限定、复杂的工艺流程、长时间的储存要求、多风味物质的丰富口感，以及适量饮用后产生的特殊舒适感，为全球知名的烈性酒品类。

  世界酱香酒核心产区，系酱香酒发源地，其范围以茅台镇为焦点，涵盖赤水河上下游川黔两省广袤土地，乃全球活跃的酿酒产业板块、重要的人文遗产聚集地。此地良好的生态、特殊的环境及独有的人文积淀，孕育了罕有的工艺传承，驯化了世所罕见的微生物环境。这里钟灵毓秀、星汉灿烂，既诞生了国际知名品牌贵州茅台，也诞生了郎酒、习酒、国台、钓鱼台、珍酒等规模不等、风格多元的优秀企业。

为聚力产区酱酒企业，同心、同力、同创，共商、共建、共享，以坚守酱酒工艺为己任，以弘扬酱酒文化为志向，把本区域建成"生态基础最牢固、生产工艺最独特、产品品质最卓越、标准体系最权威、产区品牌最响亮、酱酒文化最鲜明"的国际一流产区，我们有世界酱香酒核心产区七家企业，茅台、郎酒、习酒、国台、钓鱼台、珍酒、劲牌酱酒，谨此郑重宣言，并借此以为开端，期产区更多同业加入，共同维护如下理念。

凡本产区企业，无论资本来源，均认同并珍视产区人文传统，把坚守传承、遵循天道当作共同价值理念，视质量为生命，弘扬工匠精神，坚持绿色有机生产，保持纯粮固态酿造，恪守"贮足老酒，不卖新酒"质量铁律，严把质量关、安全关，不断推进科技创新，始终坚守酱酒品质和风味，为产品品质提升提供坚定保障。

凡本产区企业，无论愿景如何，均认同并珍视酱酒文化，愿发挥企业主体作用，完善品牌培育管理体系，强化品牌研究、品牌设计、品牌塑造，全力培植打造特色鲜明、优势突出的知名品牌集群，提升酱酒的产业影响力和社会贡献度。

凡本产区企业，无论价值差异，均认同法律至上原则，尊重并服从国家法律法规，一切企业行为，均以守法、合规为底线，在整个产区营造有序、有度的商业氛围，维护并珍惜本产区经营的秩序与规则。

凡本产区企业，无论策略怎样，均认同一致的商业伦理，奉品质、诚实、责任、信誉为行业生命。坚持诚信经营，不偷工减料，不弄虚作假，不哄抬物价。倡导竞合发展，营造信任、支持、互助的产区氛围，并有责任从原料到市场，共建能在世界范围赢得认可、信任与尊重的产业标准与伦理共识，促进产区内名酒名企、优秀酒厂、特色酒庄和谐共生。

凡本产区企业，无论身处何地，均有责任珍惜并保护赤水河流域自然环境，尤其是保持水域特殊多元的生态系统，倡导绿色生产与低碳循环，提升治污能力和资源综合利用，共同维护产区公共卫生，令其避免因工业化进程而受污染或破坏，为本产区的可持续发展保驾护航。

凡本产区企业，无论规模大小，均应有意识、有责任在自身发展的同时不忘反哺，积极承担社会责任。通过自身发展而促进本产区的稳定、健康、繁荣发展。通过建立长效机制，为生态保护作出牺牲与贡献的民众或社区给予生态补偿或援助。通过创新、就业、税收、公益等方式，在本产区营造企业、社会和谐共生的发展生态。

凡本产区企业，无论历史长短，均认同并鼓励新鲜血液成长，鼓励并欢迎加入本产区的创业者或投资者。重视不同企业文化、不同经营风格给本产区成长所作出的贡献，并愿为此共同努力，推动公共政策进一步完善，为新老企业健康成长创造条件。

凡本产区企业，无论个性差异，均以加强世界酱香酒产区建设为己任，制定产区标准，规范产区管理，打造产区形象，把酱香酒核心产区建设成品牌云集，具跨文化、跨国界影响力的全球一线知名酿酒产区，并由此树立完整的产区识别与特色，促进酱酒产业更加稳定、更有效益、更可持续、更高质量发展。

我们承诺，尊重并自觉履行上述宣言，为共建产区光明未来齐心聚力；我们承诺，尊重并始终恪守上述价值理念，为给世界贡献更多美好而不懈努力。①

①　贵州茅台官方账号：2020年6月8日，《世界酱香型白酒核心产区企业共同发展宣言》在茅台重磅发布，1584个字很有分量，凝聚了无数前辈总结的经验与智慧，也凝聚了区域酱酒同行的奋进与心血。

2020贵州白酒企业发展圆桌会议·产区共识

2020贵州白酒企业发展圆桌会议,聚力众企,从"产区共同体"出发,形成如下年度之理念价值共识。

一、珍视酒之完整的生命体系,始终以"做好一瓶酒"为安生之本。

黔酒在世界酿酒板块中获得今日之重要席位,在于天赐与人为的合力。绝佳的地理生态、深刻的人文肌理、千年养成的传统工艺及对酒之生命的完整性尊重,使黔酒从外部环境与内在生长,都获得了全方位保障。贵州产区,应始终遵循传统的生产周期,同时将酒视为一个需要充分发育方能饱满的生命体,尽心尽力保护其宏微观生物环境,敬畏其生命周期,确立对"好酒"的品质信仰。

二、正视现代企业制度之建立,始终以现代精神为企业立命之策。

贵州产区传统白酒企业，大抵从小作坊基础上壮大而来，并且随共和国乾坤底定而迈入工业化时代。日月无兴替，企业有迭代。无论是国际还是国内的市场竞力，除了品质品牌的竞争，更重要的是商业文化及企业治理制度之竞争。产区企业无论大小、规模，无论是百年品牌还是新兴势力，均应以遵守现代法治和商业规则为底线，以合规、合法乃至高尚的市场文明为发展向度，方有助于永续经营。

三、重视白酒产业的集群式发展，并以包容其他产业、共同促进贵州全方位增长为最大目标。

作为贵州正在推动建设的十大千亿级产业之首，白酒产业今日之辉煌，有赖于纵向的全链条生产的完备。在发展中，又不断包容农业种植、工业包装、物流运输等立体环节，为贵州经济板块，贡献了一个更为完整的产业板块，这种龙头产业的力量仍在成长，继续走强。在产业集群的内部，需要更加重视众酒企的横向对话、交流、扶助、共济，不断扩大产业的规模效应、外溢效应，凝聚产业势能，汇流"百川"动能。

四、共护"贵州白酒产区"的伟大荣耀，树立"产区共同体"精神。

贵州白酒产区是一个覆盖17.62万平方千米的巨大概念。我们以其世代相传的酿造技术，与独树一帜的酒质、风格，而成为个性鲜明又价值庞大的经济文化带；贵州白酒产区的品牌累积与识别，既由于龙头企业的经年努力，亦系于全域性酒企的共同塑造。以"共同体精神"维护黔酒的品牌张力与恒久声誉，形成荣辱与共、同气连枝的价值观、行动力，当为贵州白酒产区全体酿酒人的集体认同。

"唯尔贵州，远在要荒"，昔日偏僻之乡，今时已成世界烈酒之东方中心。贵州省委、省政府动议"精心酿造世界一流酒产品、精心培育世界一流酒企业、精心发展世界一流酒产业、精心建设世界一流酒产区"，2020贵州白酒企业发展圆桌会议参与各酒企及代表，将以此为念，共同奋斗。

2021贵州白酒企业发展圆桌会议·《习水宣言》

　　4月16日，"2021贵州白酒企业发展圆桌会议"在习水发布《习水宣言》，46家白酒企业在会场共同签署了这份宣言。

　　《习水宣言》签字文本将被"贵州白酒企业发展圆桌会议"永久收藏，并成为见证贵州白酒发展史的一份重要文件。以下为《习水宣言》全文。

习水宣言

　　2021年4月15—17日，由茅台集团、《贵州日报》当代融媒体集团联合创办、贵州茅台酒厂（集团）习酒公司、贵州安酒集团公司联合主办的"2021贵州白酒企业发展圆桌会议"在习水举行，46家白酒企业与会。

贵州省人民政府副省长陶长海，中国质量协会、中国酒业协会、中国食品工业协会以及贵州省政府办公厅、贵州省工信厅、遵义市有关领导出席会议，与企业家坦诚交流。

本次会议正值"十四五"规划开局之年，与会白酒企业代表，经热烈讨论、协商一致，发布如下宣言：

一、衷心拥护、响应省委、省政府打造"世界酱酒产业集聚区"战略。贵州系世界知名优质白酒产区，亦是酱香型白酒发源地，孕育了以贵州茅台为龙头的众多优质白酒品牌。在历届省委、省政府坚强领导下，贵州白酒历经"黄金十年"，已进入最好的发展机遇期。

二、高度认可茅台集团的引领是贵州倾力打造"世界酱酒产业集聚区"的重要特征和必要条件。白酒同行当在茅台集团引领下，聚力成势，推动贵州白酒品牌雁阵式发展，培育更多主力品牌，形成一批"百亿产值、千亿市值"的优秀企业。茅台集团亦将积极持续发挥领航优势，为推动实现贵州白酒产业规划目标发挥更大作用。

三、高度认可、倍加珍惜，贵州在白酒板块中最具成长性、最具活力、最有发展前景的产区优势和发展条件。贵州白酒声誉久远，香型丰富，白酒同行当重视品质、倡导竞合、鼓励创新。在聚力发展酱香酒的同时，大力支持助推包括董香等不同风味在内的省内其他香型白酒企业的快速、健康发展。

四、一致认可紧密团结、抱团发展，发挥集聚优势。创造条件，加大世界酱酒产业集聚区的建设步伐，坚持以品质为先、消费者至上，对标一流优化企业治理，珍视产区荣誉，恪守行业共识，强化企业自律，努力为地方创造财富、为国家贡献税收、为社会增加就业，为打造百姓富生态美的多彩贵州新未来做出更大贡献。

2021贵州白酒企业发展圆桌会议与会白酒企业代表

2021年4月16日

贵州省赤水河流域酱香型白酒生产环境保护条例

（2022年12月1日贵州省第十三届人民代表大会常务委员会第三十六次会议通过）

目　录

第一章　总　则

第一条　为了加强赤水河流域酱香型白酒生产环境保护，发挥赤水河流域酱香型白酒原产地和主产区优势，建设全国重要的白酒生产基地，推进酱香型白酒产业高质量发展，根据有关法律、法规的规定，结合本省实际，制定本条例。

第二条　本条例适用于赤水河流域酱香型白酒生产环境的保护、规划和治理等相关活动。

第三条　本条例所称的酱香型白酒，是指酱香型白酒国家标准中所定义的白酒类型。

本条例所称的生产环境，是指赤水河流域酱香型白酒生产、存续、发展的相关物质和非物质要素的组合。

第四条　赤水河流域酱香型白酒生产发展应当坚持生态优先、绿色发展，共抓大保护、不搞大开发；赤水河流域酱香型白酒生产环境保护应当坚持统筹协调、科学规划、系统治理，促进酱香型白酒生产资源的合理利用。

第五条　省人民政府应当加强对赤水河流域酱香型白酒生产环境保护工作的组织领导，建立健全酱香型白酒生产环境保护协调机制和资源利用综合评价制度，推动与邻省人民政府建立酱香型白酒生产环境保护工作协调机制，统筹解决工作中的重大事项。

赤水河流域县级以上人民政府应当将酱香型白酒生产环

境保护纳入国民经济和社会发展规划，优化产业结构和布局，加强酱香型白酒生产环境保护、规划与治理，高质高效地利用好赤水河流域酱香型白酒生产空间。

第六条　赤水河流域县级以上人民政府有关部门应当履行下列职责：

（一）工业主管部门负责编制酱香型白酒产业发展规划，推动酱香型白酒产业集群集聚、转型升级等工作；

（二）自然资源主管部门负责酱香型白酒生产企业项目规划许可证核发及监管等工作；

（三）生态环境主管部门负责相关建设项目环境影响评价、排污许可、入河排污口审批及监管等工作；

（四）水行政主管部门负责酱香型白酒生产企业水土保持、取水许可、洪水影响评价类审批及监管等工作；

（五）市场监督管理部门负责酱香型白酒生产企业食品生产经营许可及监管等工作；

（六）林业主管部门负责公益林地和珍稀物种保护，加强赤水河流域林地、湿地及森林林木监管等工作。

发展改革、财政、住房城乡建设、交通运输、农业农村、文化和旅游、应急等有关部门在各自职责范围内做好酱香型白酒生产环境保护、规划和治理等工作。

第七条　鼓励白酒行业协会参与酱香型白酒生产环境保护，制定行业行为规范，引导会员自律，维护会员权益，服务酱香型白酒产业健康发展。

第八条　有关部门应当依法将酱香型白酒生产企业履行环境保护责任的情况作为评比达标表彰的重要内容，推动酱香型白酒生产企业加强污染防治。

第二章　规划与管控

第九条　建立省级指导、市级统筹、县级负责的赤水河流域酱香型白酒产区保护规划责任落实体系，对茅台酒地理标志区、茅台镇传统优势产区、仁怀集聚区、习水集聚区以及赤水河流域其他适宜酱香型白酒酿造的区域实行分区保护，推动分类治理，加强产区规划管控。

省人民政府发展改革、工业和信息化、自然资源、生态环境等相关主管部门做好规划实施工作的指导。省人民政府工业和信息化主管部门应当会同遵义市、毕节市人民政府开展对赤水河流域酱香型白酒产区保护规划实施情况的评估，重要情况应当及时向省人民政府报告。

第十条　本条例所称的产区，是指赤水河流域最适宜酱香型白酒酿造的区域和最优质空间，包括茅台酒地理标志区、茅台镇传统优势产区、仁怀集聚区、习水集聚区以及赤水河流域其他适宜酱香型白酒酿造的区域。

前款规定的产区范围，由省人民政府确定后公布，并可以根据实际需要进行动态调整。

第十一条　赤水河流域市、县人民政府自然资源主管部门应当依据国土空间总体规划，落实赤水河流域酱香型白酒产区保护规划的管控要求，编制产区范围内的控制性详细规划，报同级人民政府批准后组织实施。

产区范围内的控制性详细规划应当与产区内生态系统和资源环境承载力相适应。

第十二条　赤水河流域县级以上人民政府应当实施最严格的空间管控及保护要求，利用产区优质的酿造资源，加强酱香型白酒生产环境的保护，推进酱香型白酒产业高质量发展。

第十三条　赤水河流域县级以上人民政府应当优化酱香型白酒产业布局，支持酱香型白酒生产企业依法进行兼并重组。

产区保护控制范围内主要发展酱香型白酒产业及其必要的配套产业。引导酱香型白酒生产企业向产区内聚集，非酿造生产功能向产区外疏解，推动酱香型白酒产业集群集聚发展。

第十四条　在符合国土空间规划的前提下，赤水河流域市、县人民政府应当统筹解决酱香型白酒生产企业用地需求，对符合产业准入和生态环境保护要求的省级重大酱香型白酒产业项目，新增建设用地计划指标优先保障。

第十五条　赤水河流域县级以上人民政府应当加强对产

区建设项目的管控，新建酱香型白酒项目应当坚持节约集约、绿色发展的原则，集中布局在已规划的产业园区内，现有建设项目和建筑的改建、扩建应当符合相关规划、安全生产、生产环境保护等要求。

建设项目需要配套建设的环境保护设施，必须与主体工程同时设计、同时施工、同时投产使用。需要配套建设的环境保护设施未建成、未经验收或者验收不合格的，建设项目不得投入生产或者使用。

赤水河流域生态环境主管部门应当加强对建设项目环境保护设施设计、施工、验收、投入生产或者使用情况，以及有关环境影响评价文件确定的环境保护措施落实情况的监督检查。

第十六条　赤水河流域县级以上人民政府应当严格落实赤水河干流、支流及主要溪沟的生态保护红线管控要求。

鼓励在赤水河干流、支流及主要溪沟两侧开展水源涵养和林地、湿地保护带建设。

第三章　保护与发展

第十七条　省人民政府水行政主管部门应当按照节水优先、以水定产的原则，加强赤水河流域水资源总量调控，建立水资源统一调度机制。

赤水河流域县级以上人民政府水行政主管部门应当会同

本级人民政府有关部门确定赤水河主要支流生态流量管控指标，加强酱香型白酒生产企业的取用水监管。直接向赤水河取水的酱香型白酒生产企业应当依据国家有关规定安装取水在线自动监测设备，将水量监测数据传输至有管理权限的水行政主管部门，保证监测设备正常运行，并保存原始监测记录。

赤水河流域酱香型白酒生产企业应当使用先进节约用水技术、工艺和设备，采取循环用水、综合利用等措施，降低用水消耗，提高水资源重复利用率。

第十八条 赤水河流域县级以上人民政府应当统筹协调赤水河流域生物安全管理工作，开展本行政区域生物多样性本底调查，建立健全生物多样性监测、评估、预警、清除及生态修复等制度，并组织实施。

任何单位和个人未经批准，不得在赤水河流域擅自引进、释放或者丢弃外来物种。

第十九条 赤水河流域县级以上人民政府应当规划配套建设优质酒用高粱等原料、辅料种植基地，扩大有机种植和认证面积，强化作物种质资源保护和依法开放利用。

赤水河流域酱香型白酒生产企业可以采取订单种植、规模种植、有机种植等方式，促进原料、辅料产业可持续发展。

第二十条 赤水河流域县级以上人民政府应当统筹开展

酱香型白酒生产所需窖泥、窖石等用料资源的开采规划和管理工作，划定限采区和禁采区，加强窖泥、窖石等用料资源的保护和合理利用。

鼓励赤水河流域酱香型白酒生产企业、高等院校、科研机构开展窖泥、窖石等用料资源利用技术的研究，促进循环利用。

第二十一条　支持赤水河流域酱香型白酒生产企业、行业协会、科研机构及高等院校开展酿造环境生态结构、酿造微生物结构、酒体风味结构等内在机理研究，加强活性物质、理化指标、质量谱系、酒体风味等智能识别和数据分析应用，建立赤水河流域酱香型白酒微生物菌种资源库。

第二十二条　赤水河流域酱香型白酒生产企业应当加大对环境保护的资金投入，淘汰落后生产设备、技术和产能，不断升级改造环境保护设备设施。鼓励赤水河流域酱香型白酒生产企业采用清洁生产技术，使用低污染、低排放、低能耗、清洁高效的生产设备，降低资源、能源消耗水平，减少污染物和温室气体排放，推进企业绿色发展。

鼓励赤水河流域酱香型白酒生产企业使用绿色环保的酒瓶、瓶盖、标签、丝带、酒盒、纸箱、填充物等包装产品，循环使用玻璃等制品。

第二十三条　鼓励赤水河流域酱香型白酒生产企业、高等院校、科研机构、相关污染治理企业开展酱香型白酒生产环境保护适用技术的研究和推广应用。

第二十四条　赤水河流域酱香型白酒生产应当传承传统酿造技艺，按照酱香型白酒国家标准要求，执行酱香型白酒生产、贮存和勾调等技术规范，控制和防止环境污染，保障酱香型白酒品质。

禁止直接或者间接添加食用酒精。

禁止直接或者间接添加非酱香型白酒自身发酵产生的呈香呈味呈色物质。

第二十五条　赤水河流域县级以上人民政府应当优化产区道路交通系统，完善产区货运交通体系，提高交通运行效率，推行新能源交通工具应用。

第二十六条　鼓励金融机构为赤水河流域酱香型白酒生产环境保护以及原料辅料种植、基酒储存等提供金融支持。

第二十七条　省人民政府有关主管部门、赤水河流域县级以上人民政府及有关主管部门应当开展酱香型白酒非物质文化遗产传承人、工匠、技能人才和技术人才等的认定、管理、培养，规范酱香型白酒技术培训，支持酱香型白酒生产技术和文化传承。

第二十八条　省人民政府文化和旅游主管部门应当加强传统酱香型白酒酿制的老窖池、老作坊、储酒场所、古遗址等各类建（构）筑物及其他文化遗产资源保护利用。

鼓励公民、法人和其他组织依法投资经营与酱香型白酒文化遗产相关的具有地方特色的酒类博物馆、群艺馆、美术馆等，开展赤水河流域酱香型白酒文化遗产搜集、整理、研究和展示等活动。

第四章　治理与监管

第二十九条　赤水河流域酱香型白酒生产企业和其他生产经营者应当落实环境污染治理的主体责任，按照绿色生产和污染防治规范的要求提升污染防治水平。

赤水河流域酱香型白酒生产企业可以委托第三方专业机构进行环境污染治理。

第三十条　省人民政府有关主管部门和标准化主管部门可以根据赤水河流域酱香型白酒生产环境保护需要，制定酱香型白酒清洁生产、污染物排放等标准。

赤水河流域县级以上人民政府市场监督管理部门应当会同有关部门建立健全酱香型白酒产品溯源体系。

第三十一条　赤水河流域县级以上人民政府应当按照水污染防治规划确定的水环境质量目标的要求，制定赤水河干流、支流及主要溪沟不达标水体限期治理方案并组织实施，持续改善赤水河水质。

第三十二条　赤水河流域县级以上人民政府应当按照绿色生产和污染防治规范的要求，统筹组织开展产区内酱香型白酒生产企业的污染整治，监督酱香型白酒生产企业、白酒园区建设完善配套废水收集处理设施，并采取有效措施治理窖底、接酒池渗漏及冷却水等污染。

对不符合环保等相关强制性要求的现有酱香型白酒生产企业依法实施限期整改，整改后仍达不到要求的依法处置。

第三十三条　赤水河流域县级以上人民政府应当因地制宜统筹推进产区工业废水集中处理设施、生活污水集中处理设施和配套管网建设。

赤水河流域酱香型白酒生产企业产生的废水纳入废水集中处理设施的，废水集中处理设施运营单位应当明确纳管废水的主要污染物排放浓度要求，明确生产企业和运营单位双方的污染治理责任。废水进入集中处理设施处理超过纳管废水排放浓度限值的，应当进行预处理。

禁止超过国家和本省规定的污染物排放标准和重点水污染物排放总量控制指标排放水污染物。

第三十四条　赤水河流域县级以上人民政府应当按照国家和省有关要求，推进赤水河流域排污口的排查、监测、溯源和规范化整治。

第三十五条　赤水河流域县级以上人民政府应当加强大气污染防治，以改善大气环境质量为目标，坚持源头治理，规划先行，转变经济发展方式，优化产业结构和布局，调整能源结构，推行清洁燃料使用，减少废气对酱香型白酒生产环境的不利影响。

第三十六条　赤水河流域县级以上人民政府应当统筹规划，推动酱香型白酒生产企业建设酒糟、窖泥尾料、污泥等废弃物的集中综合利用场所和处置场所。

赤水河流域酱香型白酒生产企业应当开展酒糟、窖泥尾料、污泥等废弃物的综合利用，提升资源利用效率。

第三十七条　列入严格管控类农用地的地块，不得直接用于赤水河流域酱香型白酒原料、辅料种植。

禁止在酱香型白酒原料、辅料种植地块中使用禁用的农药或者未按照国家标准使用农药。

第三十八条　赤水河流域县级以上人民政府应当建立酱香型白酒生产环境污染公共监测预警机制，组织制订预警方案，加强安全监管；生产环境受到污染，可能影响公众健康和环境安全时，依法及时公布预警信息，启动应急预案，采取应急措施。

第三十九条　赤水河流域县级以上人民政府应当建立完善赤水河流域酱香型白酒产业监管执法体系，统筹协调多部门联合执法，建设综合监管大数据平台，加强酱香型白酒生产企业监管，及时查处破坏酱香型白酒生产环境的违法行为。

第四十条　赤水河流域县级以上人民政府应当建立健全酱香型白酒生产企业信息公示制度，依法将酱香型白酒生产企业行政许可、行政处罚、抽查检查和联合执法结果等纳入企业社会信用档案。建立健全酱香型白酒生产企业信用约束机制，对被列入严重违法失信名单的，依法实施失信联合惩戒。

第四十一条 省人民政府财政部门应当按照财政转移支付办法对赤水河干流及主要支流上游的水源涵养地等生态功能重要区域予以补偿。

赤水河流域县级以上人民政府应当按照产区生态空间功能，逐步建立赤水河上下游跨县域的生态环境保护和生态建设补偿机制，加大对赤水河流域生态修复的资金支持。探索建立纵横结合的综合补偿制度，促进生态受益地区与保护地区利益共享。

鼓励赤水河流域酱香型白酒生产企业采取自愿协商等方式开展生态保护补偿。

第四十二条 赤水河流域县级以上人民政府应当加强国土空间生态保护和修复，推进山水林田湖草系统修复和综合治理。

赤水河流域县级以上人民政府自然资源主管部门应当按照国土空间规划组织实施国土空间综合整治和矿山地质环境恢复治理，优化城乡生产、生活、生态空间，保护和改善生态环境。

第五章　法律责任

第四十三条　国家机关及其工作人员未履行赤水河流域酱香型白酒生产环境保护职责的，对直接负责的主管人员和其他直接责任人员依法给予处分。

第四十四条　违反本条例第十五条第二款规定的，由生态环境主管部门责令限期改正，处以20万元以上100万元以下的罚款；逾期不改正的，处以100万元以上200万元以下的罚款；对直接负责的主管人员和其他责任人员，处以5万元以上20万元以下的罚款；造成重大环境污染或者生态破坏的，责令停止生产或者使用，或者报经有批准权的人民政府批准，责令关闭。

第四十五条　违反本条例第十八条第二款规定，未经批准，擅自在赤水河流域引进外来物种的，由县级以上人民政府有关部门根据职责分工，没收引进的外来物种，并处以5万元以上25万元以下的罚款；擅自释放或者丢弃外来物种的，由县级以上人民政府有关部门根据职责分工，责令限期捕回、找回释放或者丢弃的外来物种，处以1万元以上5万元以下的罚款。

第四十六条　违反本条例第二十四条第二款规定的，由县级以上人民政府市场监督管理部门责令停止生产、销售，没收违法所得和违法生产经营的产品，并处以违法生产经营产品货值金额50%以上3倍以下的罚款。

违反本条例第二十四条第三款规定的，按照下列规定处罚：

（一）直接或者间接添加非酱香型白酒自身发酵产生的呈香呈味呈色物质为食品原料的，依照第一款规定处罚；

（二）直接或者间接添加非酱香型白酒自身发酵产生的呈香呈味呈色物质为食品添加剂的，由县级以上人民政府市场监督管理部门没收违法所得和违法生产经营的产品，并可以没收用于违法生产经营的工具、设备、原料等物品；违法生产经营的产品货值金额不足1万元的，并处以5万元以上10万元以下的罚款；货值金额1万元以上的，并处以货值金额10倍以上20倍以下的罚款；情节严重的，吊销许可证；

（三）直接或者间接添加非酱香型白酒自身发酵产生的呈香呈味呈色物质为非食品原料、食品添加剂以外的化学物质或者其他可能危害人体健康的物质的，由县级以上人民政府市场监督管理部门没收违法所得和违法生产经营的产品，并可以没收用于违法生产经营的工具、设备、原料等物品；违法生产经营的产品货值金额不足1万元的，并处以10万元以上15万元以下的罚款；货值金额1万元以上的，并处以货值金额15倍以上30倍以下的罚款；情节严重的，吊销许可证。

第四十七条　违反本条例第三十三条第三款规定的，由生态环境主管部门责令改正或者责令限制生产、停产整治，并处以10万元以上100万元以下的罚款；情节严重的，报经有批准权的人民政府批准，责令停业、关闭。

第四十八条　违反本条例第三十七条第二款规定的，由县级人民政府农业农村主管部门责令改正，对单位处以5万元以上10万元以下的罚款，对个人处以1万元以下的罚款。使用禁用的农药的，县级人民政府农业农村主管部门还应当没收禁用的农药。

第四十九条　违反本条例规定的其他行为，法律、法规有处罚规定的，从其规定。

第六章　附　则

第五十条　赤水河流域其他香型白酒和赤水河流域外酱香型白酒的生产环境保护，参照本条例执行。

第五十一条　本条例自2023年3月1日起施行。

贵州省人民代表大会常务委员会公告

（2022第30号）

《贵州省赤水河流域酱香型白酒生产环境保护条例》已于2022年12月1日经贵州省第十三届人民代表大会常务委员会第三十六次会议通过，现予公布，自2023年3月1日起施行。

贵州省人民代表大会常务委员会

2022年12月1日

赤水河流域白酒产业高质量发展协作宣言

10月23日，以"深化产业合作 区域协同发展"为主题，赤水河流域白酒产业高质量发展对话会在仁怀举行，仁怀市、习水县、赤水市、古蔺县共同发布了《赤水河流域白酒产业高质量发展协作宣言》。以下为宣言内容：

一、共担时代使命

共同抓好赤水河流域生态环境保护，是深入贯彻习近平总书记重要指示批示精神的具体行动，是新时代推进西部大开发、推动长江经济带高质量发展的有力举措，是贯彻落实国发〔2022〕2号文件、促进区域协同发展的必然要求，责任重大、使命光荣。我们要坚持同题共答、同频共振，坚持深化合作、共享共赢，坚持政策协同、工作协同，共同呵护生态环境、共同保护生态资源、共同推进产业发展，开启高质量发展新征程，更好促进和服务中国式现代化。

二、共筑生态文明

生态兴则文明兴。我们要认真贯彻落实习近平生态文明思想，深入践行"绿水青山就是金山银山"理念，更高标准健全生态文明制度体系，更严要求开展赤水河流域生态环境保护，努力把赤水河流域打造成为践行"山"理念的示范样板。要完整、准确、全面贯彻新发展理念，坚持共抓大保护、不搞大开发，坚定不移走生态优先、绿色发展之路，共同推进赤水河流域生物多样性保护、水环境保护修复，加快构建"山水林土河微"生命共同体，持续提升流域生态环境质量。

三、共塑产业优势

产业是推动区域发展的根本。我们要守牢发展和生态两条底线，优化白酒产业布局，推动优势产业延链、新兴产业建链，完善产业链条、培育企业集群，共同建立规范、健康、有序的市场体系，推动流域经济分工合作、良性互动、抱团发展、共享共赢。要深入构建白酒产区高质量发展体系，建立健全产区准入制度，恪守传统工艺和质量标准，提升产业集聚度、扩大文化影响力、增强行业引领力，推动赤水河流域酱香白酒走向世界、香飘全球，共同打造具有国际竞争力的世界一流白酒产区。

四、共促合作协同

赤水河流域白酒产业高质量发展重在协同，要树牢产业共同体、发展共同体的理念，增强协同性、联动性、整体性，共同探索有利于区域经济合作的有效途径。要坚持把区域协同融通作为着力点，不断完善促进产学研有效衔接、跨区域通力协作的体制机制，进一步深化改革，打破行政壁垒，加强资金、人才、技术、商贸、物流、基础设施等领域合作，推动交通网络相互联通，积极构建跨区域联动执法平台，让赤水河流域的血脉"畅通"起来、要素"流动"起来、市场"活跃"起来。要在教育、医疗、就业、养老等领域深化合作，持续保障和改善民生，不断增进群众福祉，加快实现共同富裕。

五、共扬流域文化

文化是白酒产业活的灵魂。要传承延续好历史文脉，深化红色文化、历史文化、酿酒文化和民间文化的挖掘整理和交流合作，共同保护好赤水河流域丰富的文物和文化遗产。要依托良好的自然生态环境和独特的人文生态系统，深入挖掘传统酿酒文化的生长意蕴，秉自然之道，传匠人精神，共同推动赤水河流域文化创造性转化、创新性发展，在新时代焕发新的生机与活力。

中华人民共和国拍卖法

《中华人民共和国拍卖法》是为规范拍卖行为，维护拍卖秩序，保护拍卖活动各方当事人的合法权益制定的基本法律。

《中华人民共和国拍卖法》由第八届全国人民代表大会常务委员会第二十次会议审议于1996年7月5日审议通过，自1997年1月1日起施行。当前版本为2015年4月24日第十二届全国人民代表大会常务委员会第十四次会议修正。

中　文　名　中华人民共和国拍卖法

制订机构　全国人民代表大会常务委员会

发布日期　1996年7月5日

实施日期　1997年1月1日

当前版本　2015年4月24日修正版

第一章 总则

第一条 为了规范拍卖行为，维护拍卖秩序，保护拍卖活动各方当事人的合法权益，制定本法。

第二条 本法适用于中华人民共和国境内拍卖企业进行的拍卖活动。

第三条 拍卖是指以公开竞价的形式，将特定物品或者财产权利转让给最高应价者的买卖方式。

第四条 拍卖活动应当遵守有关法律、行政法规，遵循公开、公平、公正、诚实信用的原则。

第五条 国务院负责管理拍卖业的部门对全国拍卖业实施监督管理。

省、自治区、直辖市的人民政府和设区的市的人民政府负责管理拍卖业的部门对本行政区域内的拍卖业实施监督管理。

第二章 拍卖标的

第六条 拍卖标的应当是委托人所有或者依法可以处分的物品或者财产权利。

第七条 法律、行政法规禁止买卖的物品或者财产权利，不得作为拍卖标的。

第八条 依照法律或者按照国务院规定需经审批才能转让的物品或者财产权利，在拍卖前，应当依法办理审批手续。

委托拍卖的文物，在拍卖前，应当经拍卖人住所地的文物行政管理部门依法鉴定、许可。

第九条　国家行政机关依法没收的物品，充抵税款、罚款的物品和其他物品，按照国务院规定应当委托拍卖的，由财产所在地的省、自治区、直辖市的人民政府和设区的市的人民政府指定的拍卖人进行拍卖。

拍卖由人民法院依法没收的物品，充抵罚金、罚款的物品以及无法返还的追回物品，适用前款规定。

第三章　拍卖当事人

第一节　拍卖人

第十条　拍卖人是指依照本法和《中华人民共和国公司法》设立的从事拍卖活动的企业法人。

第十一条　拍卖企业可以在设区的市设立。设立拍卖企业必须经所在地的省、自治区、直辖市人民政府负责管理拍卖业的部门审核许可，并向工商行政管理部门申请登记，领取营业执照。

第十二条　设立拍卖企业，应当具备下列条件：

（一）有一百万元人民币以上的注册资本；

（二）有自己的名称、组织机构、住所和章程；

（三）有与从事拍卖业务相适应的拍卖师和其他工作

人员；

（四）有符合本法和其他有关法律规定的拍卖业务规则；

（五）符合国务院有关拍卖业发展的规定；

（六）法律、行政法规规定的其他条件。

第十三条　拍卖企业经营文物拍卖的，应当有一千万元人民币以上的注册资本，有具有文物拍卖专业知识的人员。

第十四条　拍卖活动应当由拍卖师主持。

第十五条　拍卖师应当具备下列条件：

（一）具有高等院校专科以上学历和拍卖专业知识；

（二）在拍卖企业工作两年以上；

（三）品行良好。

被开除公职或者吊销拍卖师资格证书未满五年的，或者因故意犯罪受过刑事处罚的，不得担任拍卖师。

第十六条　拍卖师资格考核，由拍卖行业协会统一组织。经考核合格的，由拍卖行业协会发给拍卖师资格证书。

第十七条　拍卖行业协会是依法成立的社会团体法人，是拍卖业的自律性组织。拍卖行业协会依照本法并根据章程，对拍卖企业和拍卖师进行监督。

第十八条　拍卖人有权要求委托人说明拍卖标的的来源和瑕疵。

拍卖人应当向竞买人说明拍卖标的的瑕疵。

第十九条　拍卖人对委托人交付拍卖的物品负有保管

义务。

第二十条　拍卖人接受委托后，未经委托人同意，不得委托其他拍卖人拍卖。

第二十一条　委托人、买受人要求对其身份保密的，拍卖人应当为其保密。

第二十二条　拍卖人及其工作人员不得以竞买人的身份参与自己组织的拍卖活动，并不得委托他人代为竞买。

第二十三条　拍卖人不得在自己组织的拍卖活动中拍卖自己的物品或者财产权利。

第二十四条　拍卖成交后，拍卖人应当按照约定向委托人交付拍卖标的的价款，并按照约定将拍卖标的移交给买受人。

第二节　委托人

第二十五条　委托人是指委托拍卖人拍卖物品或者财产权利的公民、法人或者其他组织。

第二十六条　委托人可以自行办理委托拍卖手续，也可以由其代理人代为办理委托拍卖手续。

第二十七条　委托人应当向拍卖人说明拍卖标的的来源和瑕疵。

第二十八条　委托人有权确定拍卖标的的保留价并要求拍卖人保密。

拍卖国有资产，依照法律或者按照国务院规定需要评估的，应当经依法设立的评估机构评估，并根据评估结果确定拍卖标的的保留价。

第二十九条　委托人在拍卖开始前可以撤回拍卖标的。委托人撤回拍卖标的的，应当向拍卖人支付约定的费用；未作约定的，应当向拍卖人支付为拍卖支出的合理费用。

第三十条　委托人不得参与竞买，也不得委托他人代为竞买。

第三十一条　按照约定由委托人移交拍卖标的的，拍卖成交后，委托人应当将拍卖标的移交给买受人。

第三节　竞买人

第三十二条　竞买人是指参加竞购拍卖标的的公民、法人或者其他组织。

第三十三条　法律、行政法规对拍卖标的的买卖条件有规定的，竞买人应当具备规定的条件。

第三十四条　竞买人可以自行参加竞买，也可以委托其代理人参加竞买。

第三十五条　竞买人有权了解拍卖标的的瑕疵，有权查验拍卖标的和查阅有关拍卖资料。

第三十六条　竞买人一经应价，不得撤回，当其他竞买人有更高应价时，其应价即丧失约束力。

第三十七条　竞买人之间、竞买人与拍卖人之间不得恶意串通，损害他人利益。

第四节　买受人

第三十八条　买受人是指以最高应价购得拍卖标的的竞买人。

第三十九条　买受人应当按照约定支付拍卖标的的价款，未按照约定支付价款的，应当承担违约责任，或者由拍卖人征得委托人的同意，将拍卖标的再行拍卖。

拍卖标的再行拍卖的，原买受人应当支付第一次拍卖中本人及委托人应当支付的佣金。再行拍卖的价款低于原拍卖价款的，原买受人应当补足差额。

第四十条　买受人未能按照约定取得拍卖标的的，有权要求拍卖人或者委托人承担违约责任。

买受人未按照约定受领拍卖标的的，应当支付由此产生的保管费用。

第四章　拍卖程序
第一节　拍卖委托

第四十一条　委托人委托拍卖物品或者财产权利，应当提供身份证明和拍卖人要求提供的拍卖标的的所有权证明或者依法可以处分拍卖标的的证明及其他资料。

第四十二条　拍卖人应当对委托人提供的有关文件、资料进行核实。拍卖人接受委托的，应当与委托人签订书面委托拍卖合同。

第四十三条　拍卖人认为需要对拍卖标的进行鉴定的，可以进行鉴定。

鉴定结论与委托拍卖合同载明的拍卖标的状况不相符的，拍卖人有权要求变更或者解除合同。

第四十四条　委托拍卖合同应当载明以下事项：

（一）委托人、拍卖人的姓名或者名称、住所；

（二）拍卖标的的名称、规格、数量、质量；

（三）委托人提出的保留价；

（四）拍卖的时间、地点；

（五）拍卖标的的交付或者转移的时间、方式；

（六）佣金及其支付的方式、期限；

（七）价款的支付方式、期限；

（八）违约责任；

（九）双方约定的其他事项。

第二节　拍卖公告与展示

第四十五条　拍卖人应当于拍卖日七日前发布拍卖公告。

第四十六条　拍卖公告应当载明下列事项：

（一）拍卖的时间、地点；

（二）拍卖标的；

（三）拍卖标的展示时间、地点；

（四）参与竞买应当办理的手续；

（五）需要公告的其他事项。

第四十七条　拍卖公告应当通过报纸或者其他新闻媒介发布。

第四十八条　拍卖人应当在拍卖前展示拍卖标的，并提供查看拍卖标的的条件及有关资料。拍卖标的的展示时间不得少于两日。

第三节　拍卖的实施

第四十九条　拍卖师应当于拍卖前宣布拍卖规则和注意事项。

第五十条　拍卖标的无保留价的，拍卖师应当在拍卖前予以说明。

拍卖标的有保留价的，竞买人的最高应价未达到保留价时，该应价不发生效力，拍卖师应当停止拍卖标的的拍卖。

第五十一条　竞买人的最高应价经拍卖师落槌或者以其他公开表示买定的方式确认后，拍卖成交。

第五十二条　拍卖成交后，买受人和拍卖人应当签署成交确认书。

第五十三条　拍卖人进行拍卖时，应当制作拍卖笔录。拍卖笔录应当由拍卖师、记录人签名；拍卖成交的，还应当由买受人签名。

第五十四条　拍卖人应当妥善保管有关业务经营活动的完整账簿、拍卖笔录和其他有关资料。

前款规定的账簿、拍卖笔录和其他有关资料的保管期限，自委托拍卖合同终止之日起计算，不得少于五年。

第五十五条　拍卖标的需要依法办理证照变更、产权过户手续的，委托人、买受人应当持拍卖人出具的成交证明和有关材料，向有关行政管理机关办理手续。

第四节　佣金

第五十六条　委托人、买受人可以与拍卖人约定佣金的比例。

委托人、买受人与拍卖人对佣金比例未作约定，拍卖成交的，拍卖人可以向委托人、买受人各收取不超过拍卖成交价百分之五的佣金。收取佣金的比例按照同拍卖成交价成反比的原则确定。

拍卖未成交的，拍卖人可以向委托人收取约定的费用；未作约定的，可以向委托人收取为拍卖支出的合理费用。

第五十七条　拍卖本法第九条规定的物品成交的，拍卖人可以向买受人收取不超过拍卖成交价百分之五的佣金。收取佣金的比例按照同拍卖成交价成反比的原则确定。

拍卖未成交的，适用本法第五十六条第三款的规定。

第五章　法律责任

第五十八条　委托人违反本法第六条的规定，委托拍卖其没有所有权或者依法不得处分的物品或者财产权利的，应当依法承担责任。拍卖人明知委托人对拍卖的物品或者财产权利没有所有权或者依法不得处分的，应当承担连带责任。

第五十九条　国家机关违反本法第九条的规定，将应当委托财产所在地的省、自治区、直辖市的人民政府或者设区的市的人民政府指定的拍卖人拍卖的物品擅自处理的，对负有直接责任的主管人员和其他直接责任人员依法给予行政处分，给国家造成损失的，还应当承担赔偿责任。

第六十条　违反本法第十一条的规定，未经许可登记设立拍卖企业的，由工商行政管理部门予以取缔，没收违法所得，并可以处违法所得一倍以上五倍以下的罚款。

第六十一条　拍卖人、委托人违反本法第十八条第二款、第二十七条的规定，未说明拍卖标的的瑕疵，给买受人造成损害的，买受人有权向拍卖人要求赔偿；属于委托人责任的，拍卖人有权向委托人追偿。

拍卖人、委托人在拍卖前声明不能保证拍卖标的的真伪或者品质的，不承担瑕疵担保责任。

因拍卖标的存在瑕疵未声明的，请求赔偿的诉讼时效期间为一年，自当事人知道或者应当知道权利受到损害之日起计算。

因拍卖标的存在缺陷造成人身、财产损害请求赔偿的诉讼时效期间，适用《中华人民共和国产品质量法》和其他法律的有关规定。

第六十二条　拍卖人及其工作人员违反本法第二十二条的规定，参与竞买或者委托他人代为竞买的，由工商行政管理部门对拍卖人给予警告，可以处拍卖佣金一倍以上五倍以下的罚款；情节严重的，吊销营业执照。

第六十三条　违反本法第二十三条的规定，拍卖人在自己组织的拍卖活动中拍卖自己的物品或者财产权利的，由工商行政管理部门没收拍卖所得。

第六十四条　违反本法第三十条的规定，委托人参与竞买或者委托他人代为竞买的，工商行政管理部门可以对委托人处拍卖成交价百分之三十以下的罚款。

第六十五条　违反本法第三十七条的规定，竞买人之间、竞买人与拍卖人之间恶意串通，给他人造成损害的，拍卖无效，应当依法承担赔偿责任。由工商行政管理部门对参与恶意串通的竞买人处最高应价百分之十以上百分之三十以下的罚款；对参与恶意串通的拍卖人处最高应价百分之十以上百分之五十以下的罚款。

第六十六条 违反本法第四章第四节关于佣金比例的规定收取佣金的，拍卖人应当将超收部分返还委托人、买受人。物价管理部门可以对拍卖人处拍卖佣金一倍以上五倍以下的罚款。

第六章 附则

第六十七条 外国人、外国企业和组织在中华人民共和国境内委托拍卖或者参加竞买的，适用本法。

第六十八条 本法自1997年1月1日起施行。

中国赤水河流域生态文明建设协作推进会
遵义共识（2021年）

2021年9月22日至23日，由民革中央和云贵川三省政协联合主办、云贵川三省四市十六县（市、区）参加的"中国赤水河流域生态文明建设协作推进会"在贵州省遵义市习水县召开。这是赤水河流域三省四市围绕共同促进流域生态美、产业强、百姓富而举办的第六次会议，是在中国共产党成立100周年与开启社会主义现代化建设新征程之际，围绕推进流域高质量发展而举办的一次重要会议。会议以习近平新时代中国特色社会主义思想为指导，认真贯彻落实习近平总书记关于赤水河生态环境保护工作的重要批示精神和习近平总书记视察贵州、云南、四川时的重要讲话精神，紧扣"生态优先·协同发展"主题，广泛深入讨论赤水河流域生态文明建设、产业协同发展等共同关心的重大问题。为努力把赤水河建设成生态河、美酒河、美景河、英雄河，打造成人与自然和谐共生的美丽中国样板河，形成如下共识：

一、深入贯彻落实习近平生态文明思想，维护水清岸绿的生态河底色。牢固树立绿水青山就是金山银山理念，坚决守住发展和生态两条底线，坚持走生态优先、绿色发展之路，切实担负起筑牢长江上游生态安全屏障的政治责任。坚持"共抓大保护，不搞大开发"，在保护中发展，在发展中保护，促进流域经济社会发展与生态环境资源相适应。坚决落实河湖长制，加大流域生态环境质量监测力度，持续推进生态环境突出问题整改，提升污染治理能力，提高生态环境治理效能。坚决实施"长江十年禁渔"计划，对长江上游特有珍稀鱼类保护区和水产种质资源保护区实施科学有效保护。全面推行林长制，大力实施流域防护林体系建设、水土流失及岩溶地区石漠化综合治理、河湖和湿地生态保护修复等工程，抓实退耕还林还草、还竹还果，增强水土保持、水源涵养等生态功能。巩固完善提升已经建立且富有成效的生态补偿机制，共同呼吁国家层面主导健全完善流域跨省横向生态补偿长效机制。认真宣传《赤水河流域保护条例》，健全流域联合执法监督机制，加大涉生态环保的公益诉讼力度，为流域生态环境不断向好提供坚强的法治和制度保障。

二、持续构建高质量特色产业格局，展示孕育佳酿的美酒河魅力。积极呼吁国家层面编制《赤水河流域高质量发展规划》，优化区域布局和产业结构，着力打造区域绿色产业带和产业集群，建设世界级酱香白酒生产基地，提升中国白酒"金三角"知名度和影响力，促进产业链向上下游延伸，价值链向中高端攀升。推动发展现代农业，提高农业产业组织化、规模化、集约化水平，加强农业科学技术研究，提升酒用红粱、精品水果、特色畜牧等产品品质和科技含量，建设农业现代化示范区，推动一二三产业融合发展。加强区域优势互补，开展多领域多渠道多形式的合作互助，促进流域特色优势产业特别是白酒产业对全流域的辐射带动。以酒为媒，大力发展以酒旅融合、康养度假、农业体验、乡村休闲为主的绿色生态产业，促进流域经济结构向绿色、优质、高效转型。

三、奋力推动乡村振兴向纵深发展，提升安居乐业的美景河质效。 持续巩固脱贫攻坚成果，大力推进美丽乡村建设，共同建设赤水河流域乡村振兴示范区。深入推进农业结构调整，加快培育新型职业农民，推动农业新业态发展，健全和完善农村产业体系。加快基础设施提档升级，加大"两污"治理力度，加强农村人居环境整治，推动生态宜居乡村建设。大力弘扬社会主义核心价值观，充分挖掘农村优秀文化蕴含的传统美德、人文精神、文化力量，培育文明乡风、淳朴民风、家庭新风，提高乡村文明程度，改善农村精神面貌。加强基层基础工作，不断健全自治、法治、德治相结合的乡村治理体系，确保农村社会充满活力、和谐有序。持续拓展就业空间和增收渠道，提高民生保障水平，不断缩小城乡居民收入差距，推动实现高质量的共同富裕。

四、共同培育交旅融合的发展动能，诠释红色基因的英雄河内涵。建立健全流域旅游产业合作机制，充分挖掘和整合红色旅游资源，结合长征国家文化公园建设，利用"娄山关战斗""四渡赤水""乌蒙回旋战"等经典战例，打造"遵义会议会址"至"扎西会议会址"红色文化精品线路。着力推进西部陆海新通道建设，加强铁路、公路、水路、航空以及能源管道等领域的合作，推进泸遵高铁、赤水河旅游快捷通道等建设，疏通流域内交通动脉和毛细血管，搭建流域经济互通、产业互联和人文互亲的交通基础平台。积极融入长江经济带、成渝地区双城经济圈，构筑流域方便快捷的生活圈、畅通无阻的经济圈和互亲互爱的人文圈。

五、携手谱写区域协作联动新篇章，打造流域治理的样板河典范。发挥赤水河流域良好的生态环境和生态经济发展优势，加强流域省市县政协组织协作联动，健全流域联合调研视察、信息资源共享和民主监督等机制，坚持"中国赤水河流域生态文明建设协作推进会"轮值制度，坚持流域3省4市16县（市、区）政协主席联席会议制度和四市联合调研视察、联合提案等制度，一年一主题，聚焦流域绿色发展的重要规划、重点产业、重大基础设施等开展联合调研视察，共同研究妥善解决共性问题、难点问题的应对之策。加大向上对接协调力度，对事关流域生态环境保护、促进经济社会高质量发展等需要国家层面支持和解决的重大事项、重要问题，由三省政协以调研报告、联合提案、社情民意信息等形式向中央及国家有关部门反映，努力实现会议成果转化和意见建议落地落实，奋力把赤水河打造成为人与自然和谐共生的美丽中国样板河。

中国·遵义

2021年9月23日

云南省赤水河流域保护条例

第一章 总则

第一条 为了加强赤水河流域保护，践行绿水青山就是金山银山理念，促进资源合理高效利用，保障生态安全，推进绿色发展，实现人与自然和谐共生，根据《中华人民共和国长江保护法》《中华人民共和国环境保护法》《中华人民共和国水污染防治法》等法律、行政法规，结合云南省实际，制定本条例。

第二条 在赤水河流域开展生态环境保护和治理以及各类生产生活、开发建设等活动，适用本条例。

本条例所称赤水河流域，是指云南省昭通市镇雄县、威信县行政区域内赤水河干流及其支流形成的集水区域，具体范围由省人民政府组织划定并向社会公布。

第三条 赤水河流域经济社会发展，应当主动服务和融入长江经济带发展战略，坚持生态优先、绿色发展，共抓大保护、不搞大开发。

赤水河流域保护应当坚持统筹协调、科学规划、创新驱动、系统治理。

第四条　省人民政府、昭通市及镇雄县、威信县人民政府（以下简称县级以上人民政府）应当加强对赤水河流域保护工作的领导，将赤水河流域保护工作纳入国民经济和社会发展规划，健全和落实河湖长制、生态环境保护责任制、考核评价制度以及赤水河流域保护目标，加大赤水河流域生态环境保护和修复的财政投入。

县级以上人民政府有关部门、乡（镇）人民政府和街道办事处，按照各自职责做好赤水河流域保护工作。

赤水河流域村（居）民委员会协助乡（镇）人民政府和街道办事处做好赤水河流域保护工作。

第五条　省人民政府应当建立健全赤水河流域协调机制，统筹协调、解决赤水河流域保护中的重大事项，加强与邻省在共建共治、生态补偿、产业协作、应急联动、联合执法等方面的跨区域协作，协同推进赤水河流域山水林田湖草沙一体化保护和修复，协同推进以国家公园为主体的自然保护地体系建设。

省人民政府有关部门和昭通市及镇雄县、威信县人民政府负责落实赤水河流域协调机制的决策部署，做好相关工作。

第六条　县级以上人民政府应当依法落实长江流域生态保护补偿制度，探索开展赤水河流域横向生态保护补偿，建立健全市场化、多元化、可持续的赤水河流域生态保护补偿制度。

第七条　县级以上人民代表大会常务委员会应当依法对赤水河流域保护情况进行监督。

县级以上人民政府应当定期向本级人民代表大会或者其常务委员会报告赤水河流域保护工作情况。

赤水河流域乡（镇）人民政府应当向乡（镇）人民代表大会报告赤水河流域保护工作情况。

第八条　赤水河流域乡（镇）人民政府、街道办事处可以通过购买公共服务、设置公益岗位等形式加强赤水河流域保护工作。

鼓励村规民约、居民公约对赤水河流域保护作出规定。

第九条　县级以上人民政府及其有关部门应当依法公开赤水河流域生态环境保护相关信息，完善公众参与程序，为公民、法人和非法人组织参与和监督赤水河流域生态环境保护提供便利。

鼓励、支持单位和个人参与赤水河流域生态环境保护、资源合理利用、促进绿色发展的活动。

鼓励、支持赤水河流域生态环境保护和修复等方面的科学技术研究开发和推广应用。

第十条　县级以上人民政府及其有关部门和乡（镇）人民政府、街道办事处应当加强对赤水河流域生态环境保护和绿色发展的宣传教育、科学普及工作，增强公众环保意识、生态意识。

新闻媒体应当采取多种形式开展赤水河流域生态环境保护和绿色发展的宣传教育，并依法对违法行为进行舆论监督。

任何单位和个人都有保护赤水河流域生态环境的义务，有权依法劝阻、举报和控告破坏流域生态环境的行为。对污染环境、破坏生态，损害社会公共利益的行为，国家规定的机关或者法律规定的组织可以依法向人民法院提起环境公益诉讼。

对在赤水河流域保护工作中做出突出贡献的单位和个人，县级以上人民政府及其有关部门应当按照国家和省有关规定予以表彰和奖励。

第二章　规划与管控

第十一条　县级以上人民政府应当依法落实长江流域规划体系，组织编制本行政区域的国土空间规划、赤水河流域保护治理规划，充分发挥规划对推进赤水河流域生态环境保护和绿色发展的引领、指导和约束作用。

第十二条　县级以上人民政府自然资源部门依照国土空间规划，对赤水河流域国土空间实施分区、分类用途管制。

赤水河流域国土空间开发利用活动应当符合国土空间用途管制要求，并依法取得规划许可。对不符合国土空间用途管制要求的，县级以上人民政府自然资源部门不得办理规划许可。

对不符合国土空间规划、不符合生态环境保护要求的既有建设项目，县级以上人民政府应当建立逐步退出机制。

第十三条　省人民政府根据赤水河流域的生态环境和资源利用状况，制定生态环境分区管控方案和生态环境准入清单。生态环境分区管控方案和生态环境准入清单应当与国土空间规划相衔接。

县级以上人民政府及其有关部门编制有关规划应当严格落实生态保护红线、环境质量底线、资源利用上线和生态环境准入清单等要求。

第十四条　省人民政府及其有关部门按照职责分工，组织开展赤水河流域建设项目、重要基础设施和产业布局相关规划等对赤水河流域生态系统影响的第三方评估、分析、论证等工作。

第十五条　县级以上人民政府负责划定赤水河流域河道管理范围，并向社会公告，实行严格的河道保护，禁止非法侵占水域。

县级以上人民政府划定河道管理范围时，应当征得上一级人民政府同意，并按规定办理。

第十六条　县级以上人民政府及其有关部门应当加强赤水河流域水域岸线管理保护，恢复岸线生态功能，严格控制岸线开发建设，科学利用岸线资源。

禁止违法利用、占用赤水河流域水域岸线。

禁止在赤水河干流岸线一公里范围内新建、扩建垃圾填埋场、化工园区和化工项目。

禁止在赤水河干流岸线一公里范围内新建、改建、扩建尾矿库；但是以提升安全、生态环境保护水平为目的并按规定审批的改建除外。

第十七条　县级以上人民政府应当制定赤水河流域珍贵、濒危水生野生动植物保护计划，对流域内珍贵、濒危水生野生动植物实行重点保护。加强珍稀特有鱼类保护，设立禁渔标志。

赤水河流域实行严格捕捞管理。在赤水河流域水生生物保护区全面禁止生产性捕捞；在国家规定的期限内，赤水河流域其他水域全面禁止天然渔业资源的生产性捕捞。加强禁捕执法工作，严厉查处电鱼、毒鱼、炸鱼等破坏渔业资源和生态环境的捕捞行为。

禁止在赤水河流域开放水域养殖、投放外来物种或者其他非本地物种种质资源。

第三章 资源与生态环境保护

第十八条 省人民政府自然资源部门应当会同同级生态环境、农业农村、水行政、林业和草原等部门定期组织赤水河流域土地、矿产、水流、森林、湿地等自然资源状况调查，建立资源基础数据库，开展资源环境承载能力评价，并向社会公布赤水河流域自然资源状况。

县级以上人民政府农业农村部门会同本级人民政府有关部门对赤水河流域水生生物重要栖息地开展生物多样性调查。

县级以上人民政府及其生态环境部门和其他负有生态环境保护监督管理职责的部门，应当建立和完善赤水河流域生态环境监测信息共享机制、风险报告和预警机制。

第十九条 赤水河流域实行严格的水资源管理制度，遵循节水优先、以水定需、量水而行的原则，全面实施国家有关水资源取用水总量控制和消耗强度控制管理的规定。

省人民政府水行政部门制定赤水河流域水量分配方案，报省人民政府批准后实施。县级以上人民政府水行政部门依据批准的水量分配方案，编制年度水量分配方案和调度计划，明确相关河段和控制断面流量水量、水位管控要求。

赤水河流域水资源的保护利用应当符合水功能区划、生态流量管控指标的要求，优先满足城乡居民生活用水，保障基本生态用水，并统筹农业、工业用水等方面的需要。

第二十条　省、市人民政府生态环境部门根据相关规定开展赤水河流域断面水质监测，定期向社会公布监测评价结果。

县级以上人民政府及其有关部门应当定期调查评估地下水资源状况，监测地下水水量、水位、水环境质量，并采取相应风险防范措施，保障地下水资源安全。

第二十一条　赤水河流域各级人民政府应当采取措施，加快赤水河流域病险水库除险加固，推进堤防建设，提升洪涝灾害防御工程标准，加强水工程联合调度，开展河道泥沙观测和河势调查，建立与经济社会发展相适应的防洪减灾工程和非工程体系，提高防御水旱灾害的整体能力。

第二十二条　赤水河流域各级人民政府应当按照赤水河流域生态功能区划采取封山育林、退耕还林还草还湿、植树造林、种竹种草等水源保护措施，增加林草植被，增强上游水源涵养能力。因地制宜采取综合治理措施，防止土地石漠化蔓延。

禁止在赤水河流域水土流失严重、生态脆弱的区域开展可能造成水土流失的生产建设活动。确因国家发展战略和国计民生需要建设的，应当经科学论证，并依法办理审批手续。

第二十三条　禁止非法变更公益林地用途，禁止非法占用或者征收、征用赤水河流域内的公益林地。因生态保护、基础设施建设等公共利益的需要，确需征收、征用林地、林木的，应当依法办理审批手续，并给予公平、合理的补偿。

第二十四条 县级以上人民政府应当组织应急管理、林业和草原、公安等部门依法做好森林火灾的科学预防、扑救和处置工作。

赤水河流域各级人民政府应当加强林业草原基础设施建设，应用先进适用的科技手段，提高森林草原防火、林业草原有害生物防治等森林管护能力。

第二十五条 排污单位排放污染物不得超过国家和省污染物排放标准，不得超过排放总量控制指标。

按照国家规定实行排污许可管理的企业事业单位和其他生产经营者，应当依法申请取得排污许可证，按照排污许可证的规定排放污染物；禁止未取得排污许可证或者违反排污许可证的规定排放污染物。

第二十六条 赤水河流域河道采砂应当依法取得县级以上人民政府水行政部门的许可。

县级以上人民政府依法划定禁止采砂区和禁止采砂期，禁止在赤水河流域禁止采砂区和禁止采砂期从事采砂活动。

第二十七条 赤水河流域实行严格的采石取土采矿管控制度，经依法批准的，应当采取有效措施，防止污染环境，破坏生态。

赤水河流域矿产资源开发利用应当采用先进技术和工

艺，降低资源和能源消耗，减少污染物、废物数量。

县级以上人民政府应当建设废弃土石渣综合利用信息平台，加强对生产建设活动废弃土石渣收集、清运、集中堆放的管理，鼓励开展综合利用。

县级以上人民政府应当组织对流域内的硫磺矿区、废弃矿山以及小水电站拆除后的生态环境进行治理和修复。

第二十八条 县级以上人民政府应当根据赤水河流域生态环境保护需要，依法划定规模化畜禽禁养区，并向社会公布。

在畜禽禁养区外从事规模化畜禽养殖的单位和个人，应当对养殖产生的废弃物进行综合利用和无害化处理。

第四章 水污染防治

第二十九条 县级以上人民政府及其生态环境部门应当采取有效措施，加大对赤水河流域的水污染防治、监管力度，预防、控制和减少水环境污染。

省人民政府应当落实长江流域水环境质量标准，组织制定并实施更严格的赤水河流域水环境质量标准，对没有国家水污染物排放标准的特色产业、特有污染物，或者国家有明确要求的特定水污染源或者水污染物，制定地方水污染物排放标准。

第三十条 县级以上人民政府应当组织对赤水河流域内

的水功能区水质不达标河段进行治理和生态修复。鼓励采用适宜的河堤建设模式和生态修复技术，充分利用水生生物提高水体自净能力。

第三十一条　赤水河流域实行重点水污染物排放总量控制制度。

确定赤水河流域河段的重点水污染物排放总量，应当符合水环境控制目标要求。

昭通市及镇雄县、威信县人民政府根据省人民政府下达的总量控制指标，将重点水污染物排放总量控制指标分解落实到排污单位。

第三十二条　县级以上人民政府应当加强污水、垃圾的无害化、资源化处理等生态环境保护基础设施建设，制定工作计划并纳入赤水河流域保护目标责任制。

镇雄县、威信县人民政府所在地城镇以及赤水河干流、主要支流沿岸的乡（镇）、村庄、居民集中居住区，应当加强厕所改造；建设城乡污水集中处理设施及配套管网，并保障其正常运行，提高城乡污水收集处理能力；建设生活垃圾收集、转运设施，推进城乡生活垃圾无害化处理。

鼓励、支持社会资本参与污水、垃圾集中处理设施等环境保护项目的投资、建设、运营。

第三十三条　县级以上人民政府及其生态环境部门应当加强赤水河流域入河排污口的监督管理，明确排污口相应排污单位、排放污染物的种类、数量等，明确排污口的责任人。

企业事业单位和其他生产经营者向赤水河干流、支流排放污水的，应当按照国家和省的规定设置排污口、采样口、标识标牌及视频监控系统。不符合排污口设置技术规范和标准的，应当在生态环境部门规定的期限内完成整改。

重点排污单位应当安装水污染物排放自动监测设备，与生态环境部门的监控设备联网，并保证监测设备正常运行。

第三十四条　赤水河流域逐步实行水污染物排污权有偿使用和交易制度。

排污单位通过清洁生产和污染治理等措施削减依法核定的重点水污染物排放总量的，县级以上人民政府应当依法采取财政、税收、价格、政府采购等方面的政策和措施予以鼓励和支持。

第三十五条　在赤水河流域内新建、改建、扩建直接或者间接向水体排放污染物的建设项目和其他水上设施，应当依法进行环境影响评价，建设配套的水污染防治设施，落实水污染防治措施，并达标排放。

水污染防治设施应当与主体工程同时设计、同时施工、同时运行使用。已建成的防治污染设施不得擅自拆除、闲置或者停运，因事故、自然灾害停运的，排污单位应当立即采取应急措施，并报告所在地生态环境部门。

第三十六条　单位和个人设置的废弃物储存、处理设施或者场所，应当采取必要的措施，防止堆放的废弃物产生的污水渗漏、溢流和废弃物散落等对水环境造成污染。

第三十七条　县级以上人民政府及其有关部门、乡（镇）人民政府和街道办事处，可能发生水污染事故的企业事业单位，应当做好突发水污染事故的应急准备、应急处置和事后恢复等工作。

可能发生水污染事故的企业事业单位，应当制定有关水污染事故应急方案，定期组织演练。

生产、经营、储存、运输危险化学品的企业事业单位，应当采取措施，防止在处理安全生产事故过程中产生的可能严重污染水体的消防废水、废液直接排入赤水河干流、支流。

第三十八条　昭通市及镇雄县、威信县人民政府及其有关部门、乡（镇）人民政府和街道办事处应当加强赤水河流域农业面源污染防治，加大科技投入，推广使用安全、高效、低毒和低残留农药、有机肥以及生物可降解农用薄膜，减少化肥和农药的施用，科学处置农用薄膜、农作物秸秆等农业废弃物。

第三十九条　赤水河流域禁止下列行为：

（一）向水体排放油类、酸液、碱液或者剧毒废液；

（二）在水体清洗装贮过油类或者有毒污染物的车辆、

容器、包装物；

（三）向水体排放、倾倒工业废渣、垃圾或者其他废弃物；

（四）在河道管理范围内倾倒、填埋、堆放、弃置、处理固体废物、畜禽污染物或者其他污染物；

（五）使用禁用的农药，向河道内丢弃农药、农药包装物；

（六）生产、销售含磷洗涤剂；

（七）在河道管理范围内建设妨碍行洪的建筑物、构筑物；

（八）法律、法规禁止的其他行为。

第五章　绿色发展

第四十条　县级以上人民政府应当按照长江流域发展规划、国土空间规划的要求，调整产业结构，推动产业转型升级，优化产业布局，推进赤水河流域绿色发展。

赤水河流域产业结构和布局应当与赤水河流域生态系统和资源环境承载能力相适应。禁止在赤水河流域安排重污染企业和项目。禁止在赤水河流域重点生态功能区布局对生态系统有严重影响的产业。禁止在赤水河干流和珍稀特有鱼类洄游的主要支流进行小水电开发。

第四十一条　县级以上人民政府及其有关部门应当协同

推进乡村振兴战略和新型城镇化战略的实施，统筹城乡基础设施建设和产业发展，建立健全全民覆盖、普惠共享、城乡一体的基本公共服务体系，促进赤水河流域城乡融合发展。

第四十二条 县级以上人民政府应当统筹推进减污降碳协同增效，推行节水、节能、节地、资源综合利用等措施，发展低水耗、低能耗、高附加值的产业，推行清洁生产，发展循环经济。

县级以上人民政府应当根据开发区绿色发展评估结果，对开发区产业产品、节能减排等措施进行优化调整。

鼓励企业采用新材料、新工艺、新技术，改造和提升传统产业，减少资源消耗和污染物排放，开展废弃物处理与资源综合利用。

第四十三条 鼓励在保护生态环境的前提下，充分利用赤水河流域内特有的气候、水、土壤、生物等资源，发展地方特色产业。

第四十四条 县级以上人民政府应当积极推动农业产业结构调整，优先发展农业无公害产品、绿色产品和有机产品，建设相应的基地，逐步实现规模化、集约化、标准化生产。

积极引导和鼓励赤水河流域内种植业、养殖业、林业等产业的生产经营者发展循环经济，实行资源综合利用。

第四十五条 县级以上人民政府应当有计划地改进燃料

结构，发展清洁能源，逐步推进农村煤改气、煤改电和新能源利用，减少燃料废渣等固体废物的产生量。

第四十六条　县级以上人民政府应当按照绿色发展的要求，加强节水型城市和海绵城市建设，提升城乡人居环境质量，建设美丽城镇、美丽乡村。

赤水河流域各级人民政府应当采取回收押金、限制使用易污染不易降解塑料制品、绿色设计、发展公共交通等措施，提倡简约适度、绿色低碳的生活方式。

第六章　文化保护与传承

第四十七条　县级以上人民政府应当制定赤水河流域文化遗产保护规划，正确处理经济建设、社会发展与文化遗产保护的关系，合理利用文化遗产。

第四十八条　县级以上人民政府应当将扎西会议旧址、鸡鸣三省大峡谷等列入红色文化资源保护的重要内容，促进红色文化资源合理利用，开展红色文化教育，传承红色文化，加强爱国主义和社会主义核心价值观教育。

鼓励将红色文化资源与教育培训、乡村振兴和旅游发展相结合，开发、推广具有红色文化特色的旅游产品、旅游线路和旅游服务。

鼓励社会资本依托流域文化遗产资源，投资开发赤水河流域旅游业，创建旅游品牌，依法保护投资者的合法权益。

第四十九条　县级以上人民政府及其有关部门应当采取措施，保护历史文化名城名镇名村，加强赤水河流域文化遗产保护工作，继承和弘扬优秀特色文化。

赤水河流域内未列入文物保护单位但具有人文历史价值的传统民居、古道、摩崖石刻等代表性建筑、实物，县级以上人民政府及其有关部门应当建立相关档案，并采取有效措施进行保护。

第五十条　依法对赤水河流域不可移动的文化遗产实施原址保护，任何单位和个人不得擅自拆除、迁移或者改变其风貌。

城乡建设、旅游发展中涉及文化遗产的，应当依法加强保护和管理，不得对文化遗产造成损害。

第五十一条　县级以上人民政府应当加强文化遗产历史、文化、科学价值研究和宣传推介，加强文化遗产保护教育，增强公众文化遗产保护意识。

鼓励单位和个人依法设立具有赤水河流域特色的博物馆、陈列馆，加强对赤水河流域历史文化藏品的收集、保护、展示。

鼓励单位和个人从事文化遗产保护科学研究，逐步提高文化遗产保护水平。

第七章　区域协作

第五十二条　省人民政府与邻省同级人民政府共同建立赤水河流域联席会议协调机制，统筹协调赤水河流域保护的重大事项，推动跨区域协作，共同做好赤水河流域保护工作。

昭通市及镇雄县、威信县人民政府与邻省同级人民政府建立沟通协商工作机制，执行联席会议决定，协商解决赤水河流域保护的有关事项；协商不一致的，报请上一级人民政府会同邻省同级人民政府处理。

第五十三条　县级以上人民政府及其有关部门在编制涉及赤水河流域的相关规划时，应当严格落实国家有关规划和管控要求，加强与邻省同级人民政府的沟通，做好相关规划目标的协调统一和规划措施的相互衔接。

省人民政府应当落实长江流域国家生态环境标准，与邻省同级人民政府协商统一赤水河流域生态环境质量、风险管控和污染物排放等地方生态环境标准。

县级以上人民政府及其有关部门应当与邻省同级人民政府及其有关部门建立健全赤水河流域生态环境、资源、水文、气象、自然灾害等监测网络体系和信息共享系统，加强水质、水量等监测站点的统筹布局和联合监测，提高监测能力，实现信息共享。

赤水河流域各级人民政府应当与邻省同级人民政府统一

防治措施，加大监管力度，协同做好赤水河流域水污染、土壤污染、固体废物污染等的防治。

第五十四条　省、昭通市制定涉及赤水河流域的地方性法规、政府规章时，应当加强与邻省有关方面在立项、起草、调研、论证和实施等各个环节的沟通与协作。

第五十五条　县级以上人民政府应当加强与邻省同级人民政府在赤水河流域自然资源破坏、生态环境污染、生态系统损害等行政执法联动响应与协作，统一执法程序、处罚标准和裁量基准，定期开展联合执法。

第五十六条　赤水河流域省、市、县级司法机关应当与邻省同级司法机关协同建立健全赤水河流域保护司法工作协作机制，加强行政执法与刑事司法衔接工作，共同预防和惩治破坏流域生态环境的各类违法犯罪活动。

第五十七条　县级以上人民代表大会常务委员会应当与邻省同级人民代表大会常务委员会协同开展法律监督和工作监督，保障相关法律法规、政策措施在赤水河流域的贯彻实施。

第五十八条　省人民政府应当与邻省同级人民政府建立赤水河流域横向生态保护补偿长效机制，确定补偿标准、扩大补偿资金规模，加大对赤水河源头和上游水源涵养地等生态功能重要区域补偿力度。具体办法由省级人民政府协商制定。

鼓励社会资金建立市场化运作的赤水河流域生态保护补偿基金；鼓励相关主体之间采取自愿协商等方式开展生态保护补偿；鼓励建立赤水河流域范围内酒业反哺的市场化生态补偿机制，推动赤水河流域白酒企业等市场受益主体参与流域生态环境保护。

第五十九条　县级以上人民政府应当与邻省同级人民政府协同推进赤水河流域基础设施建设，提升赤水河流域对内对外基础设施互联互通水平。

县级以上人民政府应当与邻省同级人民政府协同调整产业结构、优化产业布局，推进赤水河流域生态农业、传统酿造、红色旅游、康养服务等产业发展。

第八章　法律责任

第六十条　国家机关及其工作人员未履行本条例规定职责，有玩忽职守、滥用职权、徇私舞弊行为的，由有关部门责令改正，对直接负责的主管人员和其他直接责任人员依法给予处分；构成犯罪的，依法追究刑事责任。

第六十一条　违反本条例第十七条第二款规定，在赤水河流域水生生物保护区内从事生产性捕捞的，或者禁捕期间在赤水河流域其他水域从事天然渔业资源生产性捕捞的，由县级以上人民政府农业农村部门没收渔获物、违法所得以及用于违法活动的渔船、渔具和其他工具，并处1万元以上5

万元以下罚款；采取电鱼、毒鱼、炸鱼等方式捕捞，或者有其他严重情节的，处5万元以上50万元以下罚款。

收购、加工、销售前款规定的渔获物的，由县级以上人民政府农业农村、市场监督管理等部门按照职责分工，没收渔获物及其制品和违法所得，并处货值金额10倍以上20倍以下罚款；情节严重的，吊销相关生产经营许可证或者责令关闭。

第六十二条　违反本条例第二十六条规定，在赤水河流域未依法取得许可从事采砂活动，或者在禁止采砂区和禁止采砂期从事采砂活动的，由县级以上人民政府水行政部门责令停止违法行为，没收违法所得以及用于违法活动的船舶、设备、工具，并处货值金额2倍以上20倍以下罚款；货值金额不足10万元的，并处20万元以上200万元以下罚款；已经取得河道采砂许可证的，吊销河道采砂许可证。

第六十三条　违反本条例第三十九条第五项规定的，由县级人民政府农业农村、生态环境等部门按照职责分工，责令改正，没收禁用的农药，农药使用者为单位的，并处5万元以上10万元以下罚款，农药使用者为个人的，并处1万元以下罚款。

违反本条例第三十九条第六项规定的，由县级以上人民政府市场监督管理部门责令改正；对生产含磷洗涤剂的，可以处1万元以上10万元以下罚款；对销售含磷洗涤剂的，可以处1000元以上1万元以下罚款。

第六十四条　违反本条例第四十条规定，在赤水河干流和珍稀特有鱼类洄游的主要支流进行小水电开发的，由县级以上人民政府水行政部门责令停止违法行为，限期拆除相关设施，恢复原状，处10万元以上100万元以下罚款；逾期不拆除的，强制拆除，所需费用由建设单位承担。

第六十五条　因污染赤水河流域环境、破坏赤水河流域生态造成他人损害的，侵权人应当承担侵权责任。

违反规定造成赤水河流域生态环境损害的，国家规定的机关或者法律规定的组织有权请求侵权人承担修复责任、赔偿损失和有关费用。

第六十六条　对破坏赤水河流域自然资源、污染赤水河流域环境、损害赤水河流域生态系统等违法行为，本条例未作行政处罚规定的，适用有关法律、行政法规的规定。

第九章　附则

第六十七条　省人民政府应当根据本条例制定实施细则。

第六十八条　本条例自2021年7月1日起施行。

贵州省赤水河流域保护条例

　　《贵州省赤水河流域保护条例》是为了加强贵州省境内赤水河流域保护制定。《条例》于2011年7月29日贵州省第十一届人民代表大会常务委员会第二十三次会议通过，2018年11月29日贵州省第十三届人民代表大会常务委员会第七次会议修正，自2011年10月1日起施行。

　　中 文 名　贵州省赤水河流域保护条例

　　颁布时间　2011年7月29日

　　实施时间　2021年7月1日

　　颁布单位　贵州省人民代表大会常务委员会

　　修订时间　2021年5月27日

　　2011年7月29日贵州省第十一届人民代表大会常务委员会第二十三次会议通过　自2011年10月1日起施行

第一章　总则

第一条　为了加强赤水河流域保护，规范流域治理、利用等活动，改善流域生态环境，促进绿色发展，根据《中华人民共和国水法》《中华人民共和国水污染防治法》《中华人民共和国长江保护法》和有关法律、法规的规定，结合本省实际，制定本条例。

第二条　赤水河流域规划建设、保护管理、资源利用及流域内的生产、生活等活动，应当遵守本条例。

本条例所称的赤水河流域，是指本省境内赤水河干流及其主要支流形成的集水区域所涉及的毕节市、遵义市的相关县级行政区域，具体范围由省人民政府划定并向社会公布。

第三条　赤水河流域经济社会发展，应当坚持生态优先、绿色发展，共抓大保护、不搞大开发，赤水河流域保护坚持统筹协调、科学规划、政府主导、多元共治、系统治理、损害担责的原则。

第四条　省人民政府和赤水河流域县级以上人民政府应当加强对赤水河流域保护工作的领导，将其纳入国民经济和社会发展规划；积极采取措施，加强生态建设和环境保护，保障流域经济社会发展与环境资源承载能力相适应，促进流域生态环境改善。

省人民政府有关部门与赤水河流域县级以上人民政府有关部门、乡镇人民政府和街道办事处，按照各自职责做好赤水河流域保护的相关工作。

赤水河流域村（居）民委员会协助各级人民政府及其有关部门做好赤水河流域保护工作。

第五条　赤水河流域保护实行流域管理与行政区域管理相结合的管理体制，行政区域管理服从流域管理。

省人民政府应当建立健全赤水河流域管理协调机制，统筹协调赤水河流域管理中的重大事项，加强与邻省在生态共建、污染共治、应急联动、联合执法等方面的沟通协调。

省人民政府根据需要设立赤水河流域管理机构，负责赤水河流域管理的具体工作。

第六条　赤水河流域保护实行责任制，流域各级人民政府及其主要负责人对本行政区域内赤水河流域保护负责。生态环境保护责任纳入各级人民政府主要负责人自然资源资产离任审计范围。

省人民政府生态环境、水行政主管部门会同省人民政府有关部门，按照水资源、水生态、水环境统筹以及赤水河流域保护规划和水功能区划要求，制定赤水河流域水质控制指标、用水总量控制指标、污染物排放总量控制指标等流域保护目标，经省人民政府批准后，逐级分解落实到赤水河流域县级以上人民政府，纳入政府及其主要负责人目标责任考核内容。乡镇人民政府、街道办事处及其主要负责人流域保护目标，由县级人民政府确定。

赤水河流域各级人民政府及其主要负责人流域保护目标完成情况，由上一级人民政府进行考核。考核结果应当向社会公布。

第七条　赤水河流域依法实行河长制、湖长制，分级分段组织领导本行政区域内江河、湖泊的水资源保护、水域岸线管理、水污染防治、水环境治理等工作。

赤水河流域依法实行林长制，各级林长组织领导责任区域森林资源保护发展工作，落实保护发展森林资源目标责任制，制定森林资源保护发展规划计划，协调解决责任区域的重点难点问题，落实森林防灭火、重大有害生物防治责任和措施。

第八条　省人民政府和赤水河流域县级以上人民政府应当设立赤水河流域保护专项资金，列入本级财政预算。

省人民政府和赤水河流域县级以上人民政府在安排生态建设、环境保护、种植业、公共服务设施建设、旅游业、文化保护资金和项目时，应当向赤水河流域倾斜。

鼓励单位和个人对赤水河流域保护进行投资和捐赠。

第九条　省人民政府应当建立赤水河流域以财政转移支付、项目倾斜等为主要方式的生态保护补偿机制，加大投入力度，提高投资比重，为上游地区的产品进入市场创造条件，逐步扩大补偿范围，合理提高补偿标准。

建立受益者付费、保护者得到合理补偿的市场化、多元化生态保护补偿机制。赤水河流域受益地区应当对上游地区予以补偿，积极推进资金补偿、对口协作、产业转移、人才培训、共建园区等补偿方式。

生态保护补偿具体办法由省人民政府制定。

第十条　赤水河流域县级以上人民政府每年向本级人民代表大会或者人民代表大会常务委员会报告环境状况和环境保护目标完成情况时，应当包含赤水河流域保护工作情况。

赤水河流域乡镇人民政府应当定期向乡镇人民代表大会报告赤水河流域保护工作情况。

省人民代表大会常务委员会、赤水河流域县级以上人民代表大会常务委员会应当定期组织赤水河流域保护情况的监督检查。

第十一条　赤水河流域县级以上人民政府及其有关部门和乡镇人民政府、街道办事处应当加强赤水河流域保护的宣传教育，普及流域保护知识，增强全民节约意识、环保意识、生态意识和法治意识，倡导简约适度、绿色低碳的生活方式，广泛动员社会各方力量，群策群力、群防群治，营造赤水河流域保护的良好社会氛围。

任何单位和个人都有保护赤水河流域的义务，有权依法举报、控告和制止污染、破坏流域生态环境的行为。

鼓励、支持单位和个人参与保护生态环境、修复流域生态系统、促进绿色发展的活动。对做出突出贡献的，按照国家和省有关规定予以表彰奖励。

第二章　规划与管控

第十二条　赤水河流域综合保护和产业发展，应当统一规划，发挥规划对推进赤水河流域生态环境保护和绿色发展的引领、指导和约束作用。

赤水河流域县级以上人民政府应当组织编制本行政区域内国土空间规划，落实长江流域国土空间规划。

第十三条　编制赤水河流域保护综合规划、产业发展规划，应当以国民经济和社会发展规划为统领，以国土空间规划为基础，严格落实生态保护红线、环境质量底线、资源利用上线和生态环境准入清单管控要求，并与水资源综合规划、环境保护规划等相协调。

第十四条　省人民政府发展改革部门会同省人民政府有关部门，编制赤水河流域保护综合规划、产业发展规划，报省人民政府批准后实施。

赤水河流域保护综合规划应当包括流域功能定位，流域保护现状，流域保护近期、中期、远期目标和重点，流域保护政策措施等内容。

赤水河流域产业发展规划应当包括流域产业发展定位，产业发展现状，产业布局和产业结构调整，产业发展目标和措施，重点发展领域和优先发展项目等内容。

第十五条　省人民政府有关部门根据赤水河流域保护综合规划、产业发展规划，编制赤水河流域保护专项规划、产业发展专项规划，报省人民政府批准后实施。

赤水河流域县级以上人民政府有关部门根据赤水河流域保护综合规划、产业发展规划、专项规划，制定本行政区域内赤水河流域保护规划、产业发展规划和专项规划，报本级人民政府批准后实施。

第十六条　编制赤水河流域保护综合规划、产业发展规划应当公开征求意见，并依法进行环境影响评价。

省人民政府有关部门编制赤水河流域保护综合规划、产业发展规划、专项规划，应当征求赤水河流域县级以上人民政府及其有关部门的意见。

第十七条　经依法批准的赤水河流域保护规划、产业发展规划、专项规划，应当通过广播、电视、报刊、互联网等媒体向社会公开。

第十八条　经依法批准的赤水河流域保护规划、产业发展规划、专项规划，任何单位和个人不得擅自改变。确需改变的，应当报原批准机关批准。

第十九条　省人民政府和赤水河流域县级以上人民政府在进行赤水河流域产业布局和产业结构调整时，应当严格落实国家产业结构调整指导目录，优先考虑自然资源条件、环境资源承载能力以及保护流域生态环境的需要。

第二十条　省人民政府和赤水河流域县级以上人民政府应当根据流域产业发展规划，将节水、节能、节地、资源综合利用、可再生能源项目列为重点发展领域，积极采取措施发展低水耗、低能耗、高附加值的产业。

鼓励依托赤水河流域特有的资源，发展农产品深加工等产业，发展地方特色优势种植业、林业和旅游业。

第二十一条　赤水河流域县级以上人民政府应当根据流域产业发展规划，调整优化农业产业结构，优先发展绿色产品和有机产品，建设相应的基地，逐步实现规模化、品牌化、标准化生产。对于发展生态农业的，应当给予政策扶持。

第二十二条　禁止在赤水河流域内发展下列产业：

（一）不符合国家产业政策的；

（二）不符合环境保护要求的；

（三）不符合赤水河流域保护规划、产业发展规划的。

禁止在赤水河干流岸线一公里范围内新建、扩建煤矿、砂石厂（场）、取土场、化工园区和化工项目。

禁止在赤水河干流岸线一公里范围内新建、改建、扩建尾矿库。但是以提升安全、生态环境保护水平为目的的除外。

在赤水河流域沿岸铺设石油天然气、化工液体管道应当符合河湖岸线保护规划和生态环境保护要求。

禁止新建、扩建、改建生活垃圾填埋场。

第二十三条　赤水河流域县级以上人民政府应当按照国家规定和流域保护的需要，限期淘汰本行政区域内落后的生产技术、工艺、设备、产能。

禁止采用被国家列入限制类、淘汰类的工艺、技术和设备。

第二十四条　在赤水河流域内推广节水、节能型工艺，推行清洁生产，发展循环经济。

鼓励企业采用新材料、新工艺、新技术，改造和提升传统产业，开展废物处理与资源综合利用。

第三章　生态建设与环境保护

第二十五条　赤水河流域县级以上人民政府应当加强污水、垃圾的无害化、资源化处理等生态环境保护基础设施建设，制定工作计划并纳入流域保护目标责任制。

鼓励、支持社会资本参与投资、建设、运营污水、垃圾集中处理等环境保护项目。

第二十六条　赤水河流域县级人民政府所在地城镇以及赤水河干流、主要支流沿岸的乡镇、村寨、居民集中区，应当建设生活污水处理设施及污水配套管网，实现达标排放。

赤水河流域县级以上人民政府应当安排资金，加强赤水河干流、支流沿岸村寨污水管网连接、农村厕所改造等人居环境工程建设。

第二十七条　赤水河流域县级以上人民政府所在地城镇应当根据省人民政府批准的城镇生活垃圾无害化处理设施建设规划，建设生活垃圾无害化处理设施，并与相邻县共建共享。

赤水河流域县级以上人民政府应当安排资金，扶持和指导赤水河干流、支流沿岸乡镇、村寨、居民集中区按照相关标准设置生活垃圾分类收集、集中转运、无害化处理设施。

第二十八条　赤水河流域县级以上人民政府应当鼓励、引导流域内种植业、养殖业、林业等产业的生产经营者发展循环经济，开展资源综合利用。

从事规模化畜禽养殖和农产品加工的单位和个人，应当对畜禽粪便、废水和其他废物进行综合利用和无害化处理。

赤水河流域内禁止网箱养殖。从事水产养殖的单位和个人应当采取相应措施，防止污染水环境。

第二十九条　赤水河流域禁止使用除草剂和其他剧毒、高毒、禁用的农药。

赤水河流域县级以上人民政府农业农村主管部门应当根据流域内农业生产需要，加大科技投入，推广使用安全、高效、低毒和低残留农药以及生物可降解农用薄膜，实施测土配方施肥技术，指导农民科学、合理施用化肥和农药，减少化肥农药施用，推广有机肥使用，防止农业面源污染。

第三十条　赤水河流域县级以上人民政府应当根据流域内生态环境保护的需要，依法划定禁止建设规模化畜禽养殖场的区域，并向社会公布。

禁止在前款规定的区域建设规模化畜禽养殖场；本条例施行前已建成的，由赤水河流域县级人民政府责令其限期搬迁或者关闭，并依法给予补偿。

畜禽散养密集区所在地县、乡级人民政府和街道办事处应当组织对畜禽粪便污水进行分户收集、集中处理利用；其他分散养殖畜禽的，养殖户应当采取措施防止环境污染。

第三十一条　赤水河流域县级以上人民政府应当按照流域生态功能区划采取封山育林、退耕还林、植树造林、种竹种草等措施，增加林草植被，增强水源涵养能力。

在赤水河流域从事农作物、经济作物种植和植树造林、荒坡地开垦等农业生产活动，应当依法采取水土保持措施；开办可能造成水土流失的生产建设项目，生产建设单位应当依法编制水土保持方案，并按照经批准的水土保持方案，采取水土流失预防和治理措施。

第三十二条　禁止占用或者征收、征用流域内的国家一级公益林地，不得随意变更公益林地用途。因国家和本省重点工程项目，以及县级以上人民政府及其有关部门批准的基础设施、公共事业和民生项目建设确需占用或者征收、征用国家二级公益林和地方公益林的，应当依法办理审批手续。

第三十三条　赤水河流域县级以上人民政府应当组织对本行政区域内水功能区水质不达标的河段进行治理和生态修复。鼓励采用适宜的生态修复技术，充分利用水生生物提高水体自净能力。

勘探、采矿、开采地下水和兴建地下工程，必须采取防护措施，防止污染地下水。

第三十四条　赤水河流域重点水污染物实行排放总量控制制度。

确定赤水河河段的重点水污染物控制总量，应当符合该河段的水质控制目标要求。

赤水河流域县级以上人民政府根据省人民政府下达的总量控制指标，将重点水污染物排放总量控制指标分解落实到排污单位，并向社会公布，接受社会监督。

对超过重点水污染物排放总量控制指标的地区，省人民政府生态环境主管部门应当会同有关部门约谈该地区人民政府的主要负责人，暂停审批新增重点水污染物排放总量的建设项目的环境影响评价文件。约谈情况应当向社会公开。

第三十五条　排污单位排放污染物不得超过国家和本省的污染物排放标准，不得超过排放总量控制指标。

按照国家规定实行排污许可管理的企业事业单位和其他生产经营者，应当依法向市级以上人民政府生态环境主管部门申请取得排污许可证，按照排污许可证的规定排放污染物；禁止未取得排污许可证或者违反排污许可证的规定排放污染物。

第三十六条 排污单位应当按照国家和省的规定设置排污口、采样口、标识标牌及视频监控系统等，加强排污口规范化建设。排污口设置后不得随意变动。不符合排污口设置技术规范、标准和要求的，应当在生态环境主管部门规定的期限内完成整改。

重点排污单位应当安装污染物排放自动监测设备，与生态环境主管部门的监控设备联网，并保证监测设备正常运行。

第三十七条 赤水河流域逐步实行水污染物排污权有偿使用和转让制度。

排污单位通过清洁生产和污染治理等措施削减依法核定的重点水污染物排放指标的，由赤水河流域县级以上人民政府给予适当奖励。

第三十八条 污水、垃圾处理设施服务范围内的单位和个人，应当按照规定缴纳污水处理费和垃圾处理费。污水、垃圾处理费纳入财政预算管理，专户储存，用于污水、垃圾处理设施的运营和维护，不得挪作他用。

污水、垃圾处理设施所在地县级人民政府生态环境主管部门应当对污水、垃圾处理设施处理污水、垃圾的运行情况进行监测，监测合格的，由县级人民政府有关部门定期核拨污水、垃圾处理费。

单位、个人缴纳的污水、垃圾处理费不能维持污水、垃圾处理设施正常运营的，县级人民政府应当给予适当补贴。

第三十九条　在赤水河流域内实施的建设项目，应当符合区域用水总量和消耗强度控制指标，依法进行环境影响评价，建设配套的水污染防治设施，符合国家有关标准后方可排放。

建设项目的水污染防治设施应当与主体工程同时设计、同时施工、同时投入使用。已建成的防治污染设施不得擅自拆除、闲置或者停运，因紧急事故停运的，排污单位应当立即报告所在地生态环境主管部门，并采取应急措施。

本条例施行前在流域内已建成的污染严重的建设项目或者对生态破坏严重的设施，由当地县级以上人民政府生态环境主管部门责令限期治理。

第四十条　赤水河流域禁止下列行为：

（一）向水体排放油类、酸液、碱液或者剧毒废液；

（二）在水体清洗装贮过油类或者有毒污染物的车辆、容器、包装物；

（三）向水体排放、倾倒工业废渣、城镇垃圾或者其他废物；

（四）在流域沿河滩地和岸坡倾倒、堆放、存贮、填埋垃圾等固体废物或者其他污染物；

（五）使用国家明令禁止的农药，随地丢弃农药包装物、废物；

（六）生产、销售、使用含磷洗涤剂；

（七）侵占河道建设建筑物、构筑物；

（八）在赤水河航运船舶和码头装卸、储存、运输危化、剧毒物品；

（九）向水体排放、倾倒船舶垃圾、残油、废油和生活污水；

（十）法律、法规禁止的其他行为。

单位和个人设置的废物储存、处理设施或者场所，应当采取必要的措施，防止堆放的废物产生的污水渗漏、溢流和废物散落等对水环境造成污染。

第四十一条　赤水河干流岸线一公里范围内的工业企业禁止新建燃煤锅炉，已建燃煤锅炉应当逐步淘汰，推广使用燃气等清洁能源。

赤水河流域县级以上人民政府应当推进农村煤改气、煤改电和新能源利用。

第四十二条　流域内的矿产资源开采企业排放的废水、产生的矿渣等，应当限期进行治理；逾期不治理的，由所在地县级人民政府依法组织治理，所需费用由矿产资源开采企业承担。

流域内的废弃矿山生态环境由所在地县级以上人民政府

组织治理。

第四十三条　赤水河流域沿岸码头禁止堆放、储存、转运煤炭。

第四十四条　赤水河流域各级人民政府及其有关部门、可能发生水污染事故的企业事业单位，应当制定有关水污染事故应急预案，定期组织演练，做好突发水污染事故的应急准备、应急处置和事后恢复等工作。

发生或者可能发生突发水污染事故时，企业事业单位应当立即采取措施处理，及时通报可能受到危害的单位和居民，并向生态环境主管部门和有关部门报告。

生产、经营、储存、运输危险化学品的企业事业单位，应当采取措施，防止在处理安全生产事故过程中产生的可能严重污染水体的消防废水、废液直接排入水体。

第四十五条　生态环境主管部门负责组织赤水河流域断面水质监测，监测结果由生态环境主管部门定期向社会公布。

省人民政府水行政主管部门负责组织赤水河干流和主要支流水量和生态流量监测，水量监测结果由省人民政府水行政主管部门定期向社会公布。

第四章　资源保护与利用

第四十六条　赤水河流域资源保护与开发利用，应当遵循保护优先、适度开发的原则，充分考虑流域环境资源承载能力，减轻对生态环境的影响。

第四十七条　赤水河流域矿产资源开发利用应当符合赤水河流域保护综合规划和产业发展规划。开采矿产资源应当采用先进技术和工艺，降低资源和能源消耗，减少污染物、废物数量，污染物不得直接向外排放。

第四十八条　赤水河流域水资源开发实行最严格的水资源管理制度，遵循节水优先、以水定需、量水而行的原则，生产经营活动依法实行取水许可制度和有偿使用制度，全面实施水资源消耗总量和强度控制。

第四十九条　赤水河流域水资源的开发利用应当符合水功能区划、生态流量管控目标的要求，优先满足城乡居民生活用水，保障基本生态用水，并统筹农业、工业以及航运等需要。

禁止在赤水河流域进行水电开发、拦河筑坝等影响河流自然流淌的工程建设活动。对赤水河流域已建小水电工程，不符合生态保护要求的，县级以上人民政府应当组织分类整改或者采取措施逐步退出。

第五十条　禁止在赤水河流域河道管理范围内从事采砂、开矿活动。

第五十一条　赤水河流域县级以上人民政府及其有关部门应当加强流域水生植物、鱼类和其他水生动物保护，定期对本行政区域内渔业资源进行调查、监测、评估，并将结果向社会公布。

在国家规定的期限内，禁止在赤水河流域进行一切捕捞行为。

户外垂钓禁止使用多线多钩、长线多钩、单线多钩等对水生生物资源破坏较大的钓具钓法，不得使用各类探鱼设备和视频装置。

禁止采购、销售和加工赤水河流域捕捞渔获物。

第五十二条　在赤水河流域内进行水下爆破、勘探、施工作业、路桥等水工建设，对环境和渔业资源有严重影响的，建设单位应当事先同有关县级以上人民政府渔业行政主管部门协商，采取措施，防止或者减少对渔业资源的损害；造成渔业资源损失的，由有关县级以上人民政府责令赔偿。

第五十三条　赤水河流域县级以上人民政府及其有关部门应当加大资金投入，采取有效措施，加强对流域内森林资源、草地资源、湿地资源、野生动植物、自然地貌、地质遗迹的管理和保护。

第五十四条　赤水河流域县级以上人民政府及其有关部门应当按照适度开发、合理布局、完善设施、提高档次的原则，进行必要的旅游基础设施建设，合理开发生态旅游、文化旅游、红色旅游、工业旅游、乡村旅游等旅游产品，促进旅游业发展。

第五十五条　赤水河流域旅游资源的开发利用实行政府主导、社会参与、市场运作的原则，鼓励投资开发赤水河流域旅游业；依法保护投资者的合法权益。

第五章　文化保护与传承

第五十六条　赤水河流域文化实行重点保护、合理利用的原则。

赤水河流域县级以上人民政府应当制定流域文化遗产保护规划，积极采取措施加强文化遗产保护工作，正确处理经济建设、社会发展与文化遗产保护的关系，合理开发利用文化遗产。

赤水河流域县级以上人民政府有关部门应当定期对流域内文化遗产进行普查登记，加强文化遗产的发掘、整理、抢救、保护，及时查处破坏文化遗产的行为，保障文化遗产安全。

城乡建设、旅游发展中涉及文化遗产的，应当依法加强保护和管理，不得对文化遗产造成损害。

第五十七条　赤水河流域内的物质文化遗产，符合文物保护单位条件的，县级以上人民政府根据物质文化遗产的历史、艺术、科学价值，依法核定公布为文物保护单位，并按程序报送上级人民政府备案，依法予以保护。

赤水河流域内未列入文物保护单位而具有人文历史价值

的传统民居、古镇、古城墙、古道、古埠头、古墓葬、宗祠、摩崖石刻等物质文化遗产，赤水河流域县级以上人民政府及其有关部门应当建立相关档案，对其名称、类别、位置、规模等事项予以登记，并采取有效措施进行保护。

第五十八条　依法对赤水河流域不可移动的文化遗产实施原址保护，任何单位和个人不得破坏和擅自拆除、迁移或者改变其风貌。

禁止因商业开发拆除、迁移不可移动文化遗产或者改变其风貌。

第五十九条　赤水河流域县级以上人民政府及其有关部门应当积极采取措施，加强对民风民俗、民间艺术、传统技艺、民族文化、航运文化、盐运文化、长征文化、酒文化、竹文化等非物质文化遗产的发掘、整理、保护和利用工作，传承流域特有文化。

第六十条　赤水河流域县级以上人民政府文化和旅游主管部门应当根据文化遗产的特征和保护需要，明确文化遗产保护责任单位、责任人、传承人。

文化遗产保护责任单位、责任人、传承人应当制定文化遗产保护方案和措施，积极履行保护和管理义务，依法保护、管理和利用文化遗产。

文化遗产受到或者可能受到损坏的，文化遗产保护责任单位、责任人、传承人应当积极采取保护、修缮措施，并向县级以上人民政府文化和旅游主管部门报告，文化和旅游主管部门应当及时予以处理。

第六十一条　赤水河流域县级以上人民政府应当将红色文化保护列为文化遗产保护重要内容，开展红色文化教育，传承红色文化，推进长征国家文化公园建设，弘扬长征精神，加强爱国主义和社会主义核心价值观教育。

第六十二条　赤水河流域县级以上人民政府应当根据流域文化遗产特色和优势，制定文化旅游开发方案和实施计划，积极发展文化旅游业。

鼓励、支持旅游经营者将文化资源与乡村振兴、旅游发展相结合，依托流域文化遗产资源，开发旅游产品，创建旅游品牌，发展文化旅游、红色旅游等特色旅游项目，促进文化资源合理利用。

第六十三条　赤水河流域县级以上人民政府应当加强文化遗产历史、文化价值研究和宣传推介，加强文化遗产保护教育，增强文化遗产保护意识。

鼓励单位和个人从事文化遗产保护科学研究，提高文化遗产保护水平。

第六章　跨区域联合保护

第六十四条　省人民政府与邻省人民政府共同建立赤水河流域联席会议协调机制，统筹协调赤水河流域保护重大事项，共同协商解决赤水河流域保护重大问题，并明确具体部门承担联席会议协调机制的日常工作。

毕节市、遵义市及其有关县级人民政府与邻省同级人民政府建立沟通协商工作机制，共同研究、协商处理赤水河流域保护有关事项。

赤水河流域有关市、县级人民政府就赤水河流域保护有关事项协商不一致的，报请上一级人民政府与邻省同级人民政府处理。

第六十五条 赤水河流域县级以上人民政府应当将赤水河流域保护工作纳入国民经济和社会发展规划，组织编制本行政区域内的国土空间规划和水资源、生态环境保护、文化保护等规划，严格落实国家有关规划和管控要求，加强与邻省同级人民政府的沟通和协商，做好相关规划目标的协调统一和规划措施的相互衔接。

第六十六条 省人民政府与邻省人民政府完善赤水河流域横向生态保护补偿长效机制，确定补偿标准、扩大补偿资金规模，加大对赤水河源头和上游水源涵养地等生态功能重要区域补偿力度。具体补偿协议由省人民政府与邻省人民政府协商制定。

鼓励建立赤水河流域范围内的市场化生态补偿机制，推动赤水河流域受益主体参与流域生态环境保护。

第六十七条 本省与邻省建立健全赤水河流域生态环境

联合预防预警机制，发现重大隐患和问题的，应当及时相互通报情况，并采取措施及时协调处理。

本省与邻省建立健全赤水河流域突发生态环境事件应急演练和应急处置联动机制，发生突发生态环境事件时应当及时相互通报，协同采取措施控制污染，共同推动突发生态环境事件之后的生态环境治理和修复工作。

第六十八条　本省与邻省建立健全赤水河流域生态环境、资源、水文、气象、航运、自然灾害等监测网络体系和信息共享系统，加强水质、水量等监测站点的统筹布局和联合监测，提高监测能力，实现信息共享。

第六十九条　本省与邻省协同加大对赤水河流域水污染、土壤污染、固体废物污染等的防治和监管力度，严格落实国家生态环境标准；统筹推进城乡生活垃圾、生活污水收集和处理设施建设，提高收集和处理能力；加强农业面源污染防治；加强对取水、排污、捕捞、采矿、采砂取土、倾倒垃圾、占用河道和岸线等行为的监管，统一防治措施，加大执法力度。

第七十条　赤水河流域跨行政区域的环境污染，由有关人民政府生态环境主管部门协商处理；协商不成的，报请本级人民政府启动跨行政区域联席会议协调处理。

第七十一条　赤水河流域县级以上人民政府根据需要，与邻省同级人民政府协同推进生态农业、红色旅游、康养服务等产业发展。

第七十二条　赤水河流域县级以上人民政府与邻省同级人民政府协同加强赤水河流域内生态环境保护基础设施建设，建立流域内城乡生活垃圾、污水处理合作机制和固体废物跨区域联防联控机制。

第七十三条　本省与邻省共同加强赤水河流域自然资源破坏、生态环境污染、生态系统损害等行政执法联动响应与协作，统一执法程序、处罚标准和裁量基准，定期开展联合执法。

本省与邻省共同建立健全赤水河流域司法工作协作机制，推进跨行政区域一体化司法协作和多元联动，加强行政执法与刑事司法衔接工作，完善落实生态环境损害赔偿机制，支持和推动流域生态环境保护公益诉讼，共同预防和惩治破坏流域生态环境的各类违法犯罪活动。

第七十四条　赤水河流域县级以上人民代表大会常务委员会与邻省同级人民代表大会常务委员会建立监督协作机制，协同开展执法检查、视察、专题调研等活动，加强对贯彻实施生态环境法律法规、政策措施情况的监督。

鼓励公民、法人、社会组织和新闻媒体等社会各方面对赤水河流域的保护进行监督。

第七章　　法律责任

第七十五条　本条例规定的行政处罚，由县级以上人民政府有关部门按照各自职责依法实施。

第七十六条　赤水河流域各级人民政府未完成赤水河流域保护目标的，对其主要负责人依法给予处分。

赤水河流域县级以上人民政府有关部门及其工作人员未履行赤水河流域保护职责的，由本级人民政府或者上级主管部门责令改正，通报批评；对直接负责的主管人员和其他直接责任人员依法给予处分。

第七十七条　赤水河流域县级以上人民政府及其有关部门违反本条例第二十二条规定或者批准、引进法律、法规和本条例禁止的项目的，责令改正，予以通报批评，对直接负责的主管人员和其他直接责任人员依法给予处分；对批准、引进的项目，依法予以关闭。

第七十八条　违反本条例第二十三条第二款规定的，责令改正，处以5万元以上20万元以下的罚款；情节严重的，由县级以上人民政府经济综合宏观调控、工业信息或者市场监管部门提出意见，报请本级人民政府责令停业、关闭。

第七十九条　违反本条例第三十条第二款规定，在禁止建设规模化畜禽养殖场的区域内建设规模化畜禽养殖场的，责令停止违法行为；拒不停止违法行为的，处以3万元以上10万元以下的罚款，并报县级以上人民政府责令拆除或者关闭。

第八十条　违反本条例第三十二条规定，擅自变更生态公益林用途的，责令限期恢复植被和林业生产条件，可处以恢复植被和林业生产条件所需费用3倍以下罚款。

第八十一条　违反本条例第三十三条第二款规定，未采取防护措施的，责令停止违法行为，情节严重的，处以2万元以上20万元以下罚款；造成水污染事故的，按照有关规定处理。

第八十二条　违反本条例第四十条第一款第五项规定的，责令改正；使用者为单位的，处以5万元以上10万元以下罚款，使用者为个人的，处以1万元以下罚款。

违反本条例第四十条第一款第六项规定的，责令改正；对生产含磷洗涤剂的，可处以1万元以上10万元以下罚款；对销售含磷洗涤剂的，可处以1000元以上1万元以下罚款。

第八十三条　违反本条例第四十九条第二款规定的，责令停止违法行为，限期拆除相关设施，恢复原状，处以10万以上100万元以下罚款；逾期不拆除的，依法强制拆除，所需费用由建设单位承担。

第八十四条　违反本条例第五十八条第二款规定的，责令停止违法行为，恢复原状；造成严重后果的，处以5万元以上50万元以下罚款；情节严重，由原发证机关吊销资质证书。

第八十五条　违反本条例规定的其他行为，法律、法规有处罚规定的，从其规定。

第八章　附则

第八十六条　本条例自2021年7月1日起施行。

四川省赤水河流域保护条例

2021年5月28日，四川省人民代表大会常务委员会召开赤水河流域保护共同决定和条例实施座谈会，宣布《四川省人民代表大会常务委员会关于加强赤水河流域共同保护的决定》《四川省赤水河流域保护条例》于2021年7月1日起正式施行。

中 文 名　四川省赤水河流域保护条例

实施时间　2021年7月1日

发布单位　四川省人民代表大会常务委员会

第一章　总则

第一条　为了加强赤水河流域保护，促进资源合理高效利用，保障生态安全，推进绿色发展，实现人与自然和谐共生，根据《中华人民共和国长江保护法》《中华人民共和国水污染防治法》等法律、行政法规，结合四川省实际，制定本条例。

第二条　在赤水河流域开展生态环境保护和修复以及各类生产生活、开发建设等活动，适用本条例。有关法律、法规对饮用水水源保护区、自然保护地等特殊区域另有规定的适用其规定。

本条例所称赤水河流域，是指四川省泸州市合江县、叙永县、古蔺县行政区域内赤水河干流及其支流形成的集水区域，具体范围由省人民政府组织划定并向社会公布。

第三条　赤水河流域经济社会发展应当主动服务和融入长江经济带发展战略，坚持生态优先、绿色发展，共抓大保护、不搞大开发；赤水河流域保护应当坚持统筹协调、科学规划、创新驱动、系统治理。

第四条　省人民政府、泸州市及合江县、叙永县、古蔺县人民政府（以下称赤水河流域县级以上地方人民政府）应当加强对赤水河流域保护工作的领导，将赤水河流域保护工作纳入国民经济和社会发展规划，健全和落实河湖长制、林长制、生态环境保护责任制、考核评价制度，制定和完善赤水河流域保护目标，将生态环境保护责任纳入各级人民政府主要负责人自然资源资产离任审计范围，加大赤水河流域生态环境保护和修复的财政投入。

赤水河流域县级以上地方人民政府有关部门、乡（镇）

人民政府和街道办事处，按照各自职责做好赤水河流域保护工作。

赤水河流域村（居）民委员会协助乡（镇）人民政府和街道办事处做好赤水河流域保护工作。

第五条　省人民政府应当建立健全赤水河流域协调机制，统筹协调、解决赤水河流域保护中的重大事项，加强与邻省在共建共治、生态补偿、产业协作、应急联动、联合执法等方面的跨区域协作。

省人民政府有关部门和泸州市及合江县、叙永县、古蔺县人民政府负责落实赤水河流域协调机制的决策部署，做好相关工作。

第六条　赤水河流域县级以上地方人民政府在安排生态建设、环境保护、文化保护、生态移民、农业、水利、公共服务设施建设、旅游业等资金和项目时，适当向赤水河流域倾斜。

积极引导和鼓励社会资本参与赤水河流域保护。

第七条　赤水河流域县级以上地方人民政府应当依法落实长江流域生态保护补偿制度，探索开展赤水河流域横向生态保护补偿，建立健全市场化、多元化、可持续的赤水河流域生态保护补偿制度。

第八条　赤水河流域县级以上地方人民代表大会常务委员会应当依法对赤水河流域保护情况进行监督。

赤水河流域县级以上地方人民政府应当定期向本级人民代表大会或者其常务委员会报告赤水河流域保护工作情况。

赤水河流域乡（镇）人民政府应当向乡（镇）人民代表大会报告赤水河流域保护工作情况。

第九条　赤水河流域乡（镇）人民政府、街道办事处可以通过购买基层公共服务、设置公益岗位等形式加强赤水河流域保护工作。

鼓励村规民约、居民公约对赤水河流域保护作出规定。

第十条　赤水河流域县级以上地方人民政府及其有关部门应当依法公开赤水河流域生态环境保护相关信息，完善公众参与程序，为公民、法人和非法人组织参与和监督赤水河流域生态环境保护提供便利。

鼓励、支持单位和个人参与赤水河流域生态环境保护、资源合理利用、促进绿色发展的活动。

鼓励、支持赤水河流域生态环境保护和修复等方面的科学技术研究开发和推广应用。

第十一条　赤水河流域县级以上地方人民政府及其有关部门和乡（镇）人民政府、街道办事处应当加强对赤水河流域生态环境保护和绿色发展的宣传教育、科学普及工作，增强公众生态环境保护意识。

新闻媒体应当采取多种形式开展赤水河流域生态环境保护和绿色发展的宣传教育，并依法对违法行为进行舆论监督。

任何单位和个人都有保护赤水河流域生态环境的义务，有权依法劝阻、举报和控告破坏流域生态环境的行为。对污染环境、破坏生态，损害社会公共利益的行为，国家规定的机关或者法律规定的组织可以依法向人民法院提起环境公益诉讼。

对在赤水河流域保护工作中做出突出贡献的单位和个人，赤水河流域县级以上地方人民政府及其有关部门应当按照国家和省有关规定予以表彰和奖励。

第二章　规划与管控

第十二条　赤水河流域县级以上地方人民政府应当依法落实长江流域规划体系，组织编制本行政区域的国土空间规划、水资源规划、生态环境保护规划，充分发挥规划对推进赤水河流域生态环境保护和绿色发展的引领、指导和约束作用。

第十三条　赤水河流域县级以上地方人民政府自然资源主管部门依照国土空间规划，对赤水河流域国土空间实施分区、分类用途管制。

赤水河流域国土空间开发利用活动应当符合国土空间用途管制要求，并依法取得规划许可。对不符合国土空间用途管制要求的，赤水河流域县级以上地方人民政府自然资源主管部门不得办理规划许可。

对不符合国土空间规划、不符合生态环境保护要求的既有建设项目，赤水河流域县级以上地方人民政府应当建立逐步退出机制。

第十四条　省人民政府根据赤水河流域的生态环境和资源利用状况，制定生态环境分区管控方案和生态环境准入清单。生态环境分区管控方案和生态环境准入清单应当与国土空间规划相衔接。

赤水河流域县级以上地方人民政府及其有关部门编制有关规划应当严格落实生态保护红线、环境质量底线、资源利用上线和生态环境准入清单等要求。

第十五条　省人民政府及其有关部门按照职责分工，组织开展赤水河流域建设项目、重要基础设施和产业布局相关规划等对赤水河流域生态系统影响的第三方评估、分析、论证等工作。

第十六条　禁止在赤水河干流和珍稀特有鱼类洄游的主要支流进行水电开发等影响河流自然流淌的工程建设活动。

对赤水河流域已建小水电工程，不符合生态保护要求的，赤水河流域县级以上地方人民政府应当组织分类整改或者采取措施逐步退出。

第十七条　赤水河流域县级以上地方人民政府负责划定赤水河流域河道管理范围，并向社会公告，实行严格的河道保护，禁止非法侵占赤水河水域。

第十八条　赤水河流域县级以上地方人民政府及其有关部门应当加强赤水河流域水域岸线管理保护，恢复岸线生态功能，严格控制岸线开发建设，科学利用岸线资源。

禁止违法利用、占用赤水河流域水域岸线。

禁止在赤水河干流岸线一公里范围内新建、扩建垃圾填埋场、化工园区和化工项目。

禁止在赤水河干流岸线一公里范围内新建、改建、扩建尾矿库；但是以提升安全、生态环境保护水平为目的的改建除外。

第十九条　赤水河流域县级以上地方人民政府及其有关部门应当加强珍稀特有鱼类保护，设立禁渔标志。

赤水河流域实行严格捕捞管理。在赤水河流域水生生物保护区全面禁止生产性捕捞；在国家规定的期限内，赤水河流域其他水域全面禁止天然渔业资源的生产性捕捞。加强禁捕执法工作，严厉查处电鱼、毒鱼、炸鱼等破坏渔业资源和生态环境的捕捞行为。

禁止在赤水河流域开放水域养殖、投放外来物种或者其他非本地物种种质资源。

第二十条　赤水河流域河道采砂应当依法取得赤水河流域县级以上地方人民政府水行政主管部门的许可。

赤水河流域县级以上地方人民政府依法划定禁止采砂区

和禁止采砂期，禁止在赤水河流域禁止采砂区和禁止采砂期从事采砂活动。

第三章　资源与生态环境保护

第二十一条　省人民政府自然资源主管部门应当会同同级生态环境、农业农村、水行政、林业和草原等部门定期组织赤水河流域土地、矿产、水流、森林、湿地、草原等自然资源状况调查，建立资源基础数据库，开展资源环境承载能力评价，并向社会公布赤水河流域自然资源状况。

赤水河流域县级以上地方人民政府农业农村主管部门会同本级人民政府有关部门制定赤水河流域珍贵、濒危水生野生动植物保护计划，对赤水河流域珍贵、濒危水生野生动植物实行重点保护，对赤水河流域水生生物重要栖息地开展生物多样性调查。

赤水河流域县级以上地方人民政府及其生态环境主管部门和其他负有生态环境保护监督管理职责的部门，应当建立和完善赤水河流域生态环境监测信息共享机制、风险报告和预警机制。

第二十二条　赤水河流域水资源利用实行严格的水资源管理制度，遵循节水优先、以水定需、量水而行的原则，全面实施国家有关水资源取用水总量控制和消耗强度控制管理的规定。将水资源开发、利用、节约、保护的主要指标纳入地方经济社会发展综合评价体系。加强水资源监测能力建设，全面提高水资源监控、预警和管理能力。

省人民政府水行政主管部门制定赤水河流域水量分配方案，报省人民政府批准后实施。赤水河流域县级以上地方人民政府水行政主管部门依据批准的水量分配方案，编制年度水量分配方案和调度计划，明确相关河段和控制断面流量水量、水位管控要求。

赤水河流域水资源的保护利用应当符合水功能区划、生态流量管控指标的要求，优先满足城乡居民生活用水，保障基本生态用水，并统筹农业、工业用水等方面的需要。

第二十三条　省、泸州市人民政府生态环境主管部门根据相关规定开展赤水河流域断面水质监测，定期向社会公布监测评价结果。

赤水河流域县级以上地方人民政府及其有关部门应当定期调查评估地下水资源状况，监测地下水水量、水位、水环境质量，并采取相应风险防范措施，保障地下水资源安全。

第二十四条　赤水河流域地方各级人民政府应当采取措施，加快赤水河流域病险水库除险加固，推进堤防建设，提升洪涝灾害防御工程标准，加强水工程联合调度，开展河道泥沙观测和河势调查，建立与经济社会发展相适应的防洪减灾工程和非工程体系，提高防御水旱灾害的整体能力。

第二十五条　赤水河流域地方各级人民政府应当按照赤

水河流域生态功能区划采取封山育林、退耕还林还草还湿、植树造林、种竹种草等水源保护措施，增加林草植被，增强水源涵养能力。

禁止在赤水河流域水土流失严重、生态脆弱的区域开展可能造成水土流失的生产建设活动。确因国家发展战略和国计民生需要建设的，应当经科学论证，并依法办理审批手续。

第二十六条　严禁非法变更公益林用途，禁止非法占用或者征收、征用赤水河流域内的公益林。因生态保护、基础设施建设等公共利益的需要，确需征收、征用林地、林木的，应当依法办理审批手续，并给予公平、合理的补偿。

第二十七条　赤水河流域县级以上地方人民政府应当组织应急管理、林业和草原、公安等部门依法做好森林火灾的科学预防、扑救和处置工作。

赤水河流域地方各级人民政府应当加强林业草原基础设施建设，应用先进适用的科技手段，提高森林草原防火、林业草原有害生物防治等森林草原管护能力。

第二十八条　赤水河流域县级以上地方人民政府应当组织对赤水河流域内的水功能区水质不达标河段进行治理和生态修复。鼓励采用适宜的生态修复技术提高水体自净能力。

第二十九条　赤水河流域实行严格的采石采土采矿管控制度，经依法批准的，应当采取有效措施，防止污染环境，破坏生态。

赤水河流域矿产资源开发利用应当采用先进技术和工艺，降低资源和能源消耗，减少污染物、废物数量。

赤水河流域县级以上地方人民政府应当建设废弃土石渣综合利用信息平台，加强对生产建设活动废弃土石渣收集、清运、集中堆放的管理，鼓励开展综合利用。

赤水河流域县级以上地方人民政府应当组织对流域内的废弃矿山的生态环境进行治理和修复。

第三十条　赤水河流域内道路、码头等交通设施建设应当符合生态环境保护要求。不符合生态环境保护要求的，所在地县级人民政府应当依法采取措施进行治理。

第三十一条　赤水河流域县级以上地方人民政府应当根据赤水河流域生态环境保护需要，依法划定规模化畜禽养殖禁养区，并向社会公布。

在畜禽养殖禁养区外从事规模化畜禽养殖的单位和个人，应当对养殖产生的废弃物进行综合利用和无害化处理。

第四章 水污染防治

第三十二条　赤水河流域县级以上地方人民政府及其生态环境主管部门应当采取有效措施，加大对赤水河流域的水污染防治、监管力度，预防、控制和减少水环境污染。

省人民政府应当落实长江流域水环境质量标准，组织制定并实施更严格的赤水河流域水环境质量标准，对没有国家水污染物排放标准的特色产业、特有污染物，或者国家有明确要求的特定水污染源或者水污染物，制定地方水污染排放标准。

第三十三条　赤水河流域实行重点水污染物排放总量控制制度。

确定赤水河河段的重点水污染物排放总量，应当符合该河段的水环境控制目标要求。

泸州市及合江县、叙永县、古蔺县人民政府根据省人民政府下达的总量控制指标，将重点水污染物排放总量控制指标分解落实到排污单位。

第三十四条　排污单位排放污染物不得超过国家和省污染物排放标准，不得超过排放总量控制指标。

按照国家规定实行排污许可管理的企业事业单位和其他生产经营者，应当依法申请取得排污许可证，按照排污许可证的规定排放污染物；禁止未取得排污许可证或者违反排污许可证的规定排放污染物。

第三十五条　赤水河流域县级以上地方人民政府应当加强污水、垃圾的无害化、资源化处理等生态环境保护基础设施建设，制定工作计划并纳入赤水河流域保护目标责任制。

合江县、叙永县和古蔺县人民政府所在地城镇以及赤水河干流、主要支流沿岸的乡（镇）、村庄、居民集中居住区，应当加强厕所改造；建设污水处理设施及配套管网，并保障其正常运行，提高城乡污水收集处理能力；建设生活垃圾收集、转运设施，推进城乡生活垃圾无害化处理。

鼓励、支持社会资本参与污水、垃圾集中处理设施等环境保护项目的投资、建设、运营。

第三十六条　赤水河流域县级以上地方人民政府生态环境主管部门应当加强赤水河流域入河排污口的监督管理，明确排污口相应排污单位、排放污染物的种类、数量等，明确排污口的责任人。

企业事业单位和其他生产经营者向赤水河干流、支流排放污水的，应当按照国家和省的规定设置排污口、采样口、标识标牌及视频监控系统。不符合排污口设置技术规范和标准的，应当限期完成整改。

重点排污单位应当安装水污染物排放自动监测设备，与生态环境主管部门的监控设备联网，并保证监测设备正常运行。

第三十七条　赤水河流域逐步实行水污染物排污权有偿使用和交易制度。

排污单位通过清洁生产和污染治理等措施削减依法核定的重点水污染物排放总量的，赤水河流域县级以上地方人民政府应当依法采取财政、税收、价格、政府采购等方面的政策和措施予以鼓励和支持。

第三十八条　在赤水河流域内新建、改建、扩建直接或者间接向水体排放污染物的建设项目和其他水上设施，应当依法进行环境影响评价，建设配套的水污染防治设施，落实水污染防治措施，并达标排放。

水污染防治设施应当与主体工程同时设计、同时施工、同时运行使用。已建成的防治污染设施不得擅自拆除、闲置或者停运，因事故、自然灾害停运的，排污单位应当立即采取应急措施，并报告所在地生态环境主管部门。

第三十九条　单位和个人设置的废弃物储存、处理设施或者场所，应当采取必要的措施，防止堆放的废弃物产生的污水渗漏、溢流和废弃物散落等对水环境造成污染。

第四十条　赤水河流域县级以上地方人民政府及其有关部门、乡（镇）人民政府和街道办事处，可能发生水污染事故的企业事业单位，应当做好突发水污染事故的风险管控、应急准备、应急处置和事后恢复等工作。

可能发生水污染事故的企业事业单位，应当制定有关水污染事故应急方案，完善应急措施，消除风险隐患，储备应急物资，定期组织演练，突发事件发生后，及时组织开展应急处置和救援工作。

生产、经营、储存、运输危险化学品的企业事业单位，应当采取措施，防止在处理安全生产事故过程中产生的可能严重污染水体的消防废水、废液直接排入赤水河干流、支流。

第四十一条　污水、垃圾处理设施服务范围内的单位和个人，应当按照规定缴纳污水处理费和垃圾处理费。污水、垃圾处理费纳入财政预算管理，用于污水、垃圾处理设施的运营和维护，不得挪作他用。

单位和个人缴纳的污水、垃圾处理费不能维持污水、垃圾处理设施正常运营的，赤水河流域县级以上地方人民政府按照国家和省的有关规定给予适当补贴。

赤水河流域乡（镇）、农村污水处理设施用电价格，按照国家和省的有关规定执行。

第四十二条　泸州市及合江县、叙永县、古蔺县人民政府及其有关部门、乡（镇）人民政府和街道办事处应当加强赤水河流域农业面源污染防治，加大科技投入，推广使用安全、高效、低毒和低残留农药以及生物可降解农用薄膜，指导农民科学处置农作物秸秆，减少化肥和农药的施用。

第四十三条　赤水河流域禁止下列行为：

（一）向水体排放油类、酸液、碱液或者剧毒废液；

（二）在水体清洗装贮过油类或者有毒污染物的车辆、容器、包装物；

（三）向水体排放、倾倒工业废渣、垃圾或者其他废弃物；

（四）在河道管理范围内倾倒、填埋、堆放、弃置、处理固体废弃物、畜禽污染物或者其他污染物；

（五）使用禁用的农药，向河道内丢弃农药、农药包装物；

（六）生产、销售含磷洗涤剂；

（七）在河道管理范围内建设妨碍行洪的建筑物、构筑物；

（八）法律、法规禁止的其他行为。

第五章　绿色发展

第四十四条　赤水河流域县级以上地方人民政府应当按照长江流域发展规划、国土空间规划的要求，调整产业结构，推动产业转型升级，优化产业布局，推进赤水河流域绿色发展。

赤水河流域产业结构和布局应当与赤水河流域生态系统和资源环境承载能力相适应。禁止在赤水河流域安排重污染企业和项目。禁止在赤水河流域重点生态功能区布局对生态系统有严重影响的产业。

第四十五条　赤水河流域县级以上地方人民政府及其有关部门应当协同推进乡村振兴战略和新型城镇化战略的实施，统筹城乡基础设施建设和产业发展，建立健全全民覆盖、普惠共享、城乡一体的基本公共服务体系，促进赤水河流域城乡融合发展。

第四十六条　赤水河流域县级以上地方人民政府应当推

行节水、节能、节地、资源综合利用等措施，发展低水耗、低能耗、高附加值的产业，依法推行清洁生产，发展循环经济。

赤水河流域县级以上地方人民政府应当根据开发区绿色发展评估结果，对开发区产业产品、节能减排等措施进行优化调整。

鼓励企业采用新材料、新工艺、新技术，改造和提升传统产业，企业应当通过技术创新减少资源消耗和污染物排放，开展废弃物处理与资源综合利用。

第四十七条　鼓励在保护生态环境的前提下，充分利用赤水河流域内特有的气候、水、土壤、生物等资源，发展地方特色产业。

第四十八条　赤水河流域县级以上地方人民政府应当积极推动农业产业结构调整，优先发展农业无公害产品、绿色产品和有机产品，建设相应的基地，逐步实现规模化、集约化、标准化生产。

积极引导和鼓励赤水河流域内种植业、养殖业、林业等产业的生产经营者发展循环经济，实行资源综合利用。

第四十九条　赤水河流域县级以上地方人民政府应当有计划地改进燃料结构，发展清洁能源，逐步推进农村煤改气、煤改电和新能源利用，减少燃料废渣等固体废物的产生量。

第五十条　赤水河流域县级以上地方人民政府应当按照绿色发展的要求，加强节水型城市和海绵城市建设，提升城乡人居环境质量，建设美丽城镇、美丽乡村。

赤水河流域地方各级人民政府应当采取回收押金、限制使用易污染不易降解塑料用品、绿色设计、发展公共交通等措施，提倡简约适度、绿色低碳的生活方式。

第六章　文化保护与传承

第五十一条　赤水河流域县级以上地方人民政府应当制定赤水河流域文化遗产保护规划，正确处理经济建设、社会发展与文化遗产保护的关系，合理利用文化遗产。

第五十二条　赤水河流域县级以上地方人民政府及其有关部门应当采取措施，保护历史文化名城名镇名村，加强赤水河流域文化遗产保护工作，继承和弘扬优秀特色文化。

赤水河流域内未列入文物保护单位但具有人文历史价值的传统民居、古道、摩崖石刻等代表性建筑、实物，赤水河流域县级以上地方人民政府及其有关部门应当建立相关档案，并采取有效措施进行保护。

第五十三条　依法对赤水河流域不可移动的文化遗产实施原址保护，任何单位和个人不得擅自拆除、迁移或者改变其风貌。

城乡建设、旅游发展中涉及文化遗产的，应当依法加强保护和管理，不得对文化遗产造成损害。

第五十四条　赤水河流域县级以上地方人民政府应当将红色文化保护列为公共文化建设的重要内容，促进红色文化资源合理利用，开展红色文化教育，传承红色文化，加强爱国主义和社会主义核心价值观教育。

鼓励将四渡赤水旧址等红色文化资源与教育培训、乡村振兴和旅游发展相结合，开发、推广具有红色文化特色的旅游产品、旅游线路和旅游服务。

鼓励社会资本依托流域文化遗产资源，投资开发赤水河流域旅游业，创建旅游品牌，依法保护投资者的合法权益。

第五十五条　赤水河流域县级以上地方人民政府应当加强文化遗产历史、文化、科学价值研究和宣传推介，加强文化遗产保护教育，增强文化遗产保护意识。

鼓励单位和个人依法设立具有赤水河流域特色的博物馆、陈列馆，加强对赤水河流域历史文化藏品的收集、保护、展示。

鼓励单位和个人从事文化遗产保护科学研究，逐步提高文化遗产保护水平。

第七章　区域协作

第五十六条　省人民政府与邻省同级人民政府共同建立赤水河流域联席会议协调机制，统筹协调赤水河流域保护的重大事项，推动跨区域协作，共同做好赤水河流域保护工作。

泸州市及合江县、叙永县、古蔺县人民政府与邻省同级人民政府建立沟通协商工作机制，执行联席会议决定，协商解决赤水河流域保护的有关事项；协商不一致的，报请上一级人民政府会同邻省同级人民政府处理。

第五十七条　赤水河流域县级以上地方人民政府及其有关部门在编制涉及赤水河流域的相关规划时，应当严格落实国家有关规划和管控要求，加强与邻省同级人民政府的沟通和协商，做好相关规划目标的协调统一和规划措施的相互衔接。

省人民政府应当落实长江流域国家生态环境标准，与邻省同级人民政府协商统一赤水河流域生态环境质量、风险管控和污染物排放等地方生态环境标准。

赤水河流域县级以上地方人民政府及其相关部门应当与邻省同级人民政府及其相关部门建立健全赤水河流域生态环境、资源、水文、气象、自然灾害等监测网络体系和信息共享系统，加强水质、水量等监测，提高监测能力，实现信息共享。

赤水河流域地方各级人民政府应当与邻省同级人民政府统一防治措施，加大监管力度，协同做好赤水河流域水污染、土壤污染、固体废物污染等的防治。

第五十八条　省、泸州市制定涉及赤水河流域的地方性法规、政府规章时，应当加强与邻省有关方面在立项、起草、调研、论证和实施等各个环节的沟通与协作。

第五十九条　赤水河流域县级以上地方人民政府应当加强与邻省同级人民政府在赤水河流域自然资源破坏、生态环境污染、生态系统损害等行政执法联动响应与协作，加大综合执法力度，统一执法程序、裁量基准和处罚标准，开展联合调查、联合执法。

第六十条　赤水河流域省、市、县级司法机关应当与邻省同级司法机关协同建立健全赤水河流域保护司法工作协作机制，加强行政执法与刑事司法衔接工作，共同预防和惩治赤水河流域破坏生态环境的各类违法犯罪活动。

第六十一条　赤水河流域县级以上地方人民代表大会常务委员会应当与邻省同级人民代表大会常务委员会协同开展法律监督和工作监督，保障相关法律法规、政策措施在赤水河流域的贯彻实施。

第六十二条　省人民政府应当与邻省同级人民政府建立赤水河流域横向生态保护补偿长效机制，确定补偿标准、扩大补偿资金规模，加大对赤水河源头和上游地区的补偿和支持力度，具体办法由省人民政府协商制定。

鼓励社会资金建立市场化运作的赤水河流域生态保护补偿基金，鼓励相关主体之间采取自愿协商等方式开展生态保护补偿。

第六十三条 赤水河流域县级以上地方人民政府应当与邻省同级人民政府协同推进赤水河流域基础设施建设，提升赤水河流域对内对外基础设施互联互通水平。

赤水河流域县级以上地方人民政府应当与邻省同级人民政府协同调整产业结构、优化产业布局，推进赤水河流域生态农业、传统酿造、红色旅游、康养服务等产业发展。

第八章 法律责任

第六十四条 国家机关及其工作人员未履行本条例规定职责，有玩忽职守、滥用职权、徇私舞弊行为的，由有关部门责令改正，对直接负责的主管人员和其他直接责任人员依法给予处分；涉嫌犯罪的，移送司法机关，依法追究刑事责任。

第六十五条 违反本条例第十六条第一款规定，在赤水河干流和珍稀特有鱼类洄游的主要支流进行水电开发等影响河流自然流淌的工程建设活动的，由赤水河流域县级以上地方人民政府水行政主管部门责令停止违法行为，限期拆除相关设施，恢复原状，处十万元以上一百万元以下罚款；逾期不拆除的，依法强制拆除，所需费用由建设单位承担。

第六十六条 违反本条例第十九条第二款规定，在赤水河流域水生生物保护区内从事生产性捕捞的，或者禁捕期间在赤水河流域其他水域从事天然渔业资源生产性捕捞的，由赤水河流域县级以上地方人民政府农业农村主管部门没收渔获物、违法所得以及用于违法活动的渔船、渔具和其他工具，并处一万元以上五万元以下罚款；采取电鱼、毒鱼、炸鱼等方式捕捞，或者有其他严重情节的，并处五万元以上五十万元以下罚款。

收购、加工、销售前款规定的渔获物的，由赤水河流域县级以上地方人民政府农业农村、市场监督管理等部门按照职责分工，没收渔获物及其制品和违法所得，并处货值金额十倍以上二十倍以下罚款；情节严重的，吊销相关生产经营许可证或者责令关闭。

第六十七条　违反本条例第二十条规定，在赤水河流域未依法取得许可从事采砂活动，或者在禁止采砂区和禁止采砂期从事采砂活动的，由赤水河流域县级以上地方人民政府水行政主管部门责令停止违法行为，没收违法所得以及用于违法活动的船舶、设备、工具，并处货值金额二倍以上二十倍以下罚款；货值金额不足十万元的，并处二十万元以上二百万元以下罚款；已经取得河道采砂许可证的，吊销河道采砂许可证。

第六十八条　有下列行为之一的，由赤水河流域县级以上地方人民政府生态环境主管部门责令改正或者责令限制生产、停产整治，并处二十万元以上一百万元以下罚款；情节严重的，报经有批准权的人民政府批准，责令停业、关闭：

（一）未依法取得排污许可证排放水污染物或者违反排污许可证规定排放污染物的；

（二）超过水污染物排放标准或者超过重点水污染物排放总量控制指标排放水污染物的；

（三）利用渗井、渗坑、裂隙、溶洞、灌注，私设暗管，篡改、伪造监测数据，或者不正常运行水污染防治设施等逃避监管的方式排放水污染物的；

（四）未按照规定进行预处理，向污水集中处理设施排放不符合处理工艺要求的工业废水的。

企业事业单位和其他生产经营者违法排放水污染物，受到罚款处罚，被责令改正的，依法作出处罚决定的行政机关应当组织复查，发现其继续违法排放水污染物或者拒绝、阻挠复查的，依照《中华人民共和国环境保护法》的规定按日连续处罚。

第六十九条　违反本条例第四十三条第五项规定使用禁用农药的，由赤水河流域县级人民政府农业农村主管部门责令改正，没收禁用的农药，农药使用者为单位的，并处五万元以上十万元以下罚款，农药使用者为个人的，处一万元以下罚款。

违反本条例第四十三条第六项规定的，由赤水河流域县级以上地方人民政府市场监督管理部门责令改正；对生产含磷洗涤剂的，可以处一万元以上十万元以下罚款；对销售含磷洗涤剂的，可以处一千元以上一万元以下罚款。

第七十条　企业事业单位有下列行为之一的，由赤水河流域县级以上地方人民政府生态环境主管部门责令改正；情节严重的，处二万元以上十万元以下罚款：

（一）不按照规定制定水污染事故的应急方案的；

（二）水污染事故发生后，未及时启动水污染事故的应急方案，采取有关应急措施的。

第七十一条　因污染赤水河流域环境、破坏赤水河流域生态造成他人损害的，侵权人应当承担侵权责任。

违反规定造成赤水河流域生态环境损害的，国家规定的机关或者法律规定的组织有权请求侵权人承担修复责任、赔偿损失和有关费用。

第七十二条　对破坏赤水河流域自然资源、污染赤水河流域环境、损害赤水河流域生态系统等违法行为，本条例未作行政处罚规定的，适用有关法律、行政法规的规定。

第九章　附则

第七十三条　省人民政府应当根据本条例制定实施细则。

第七十四条　本条例自2021年7月1日起施行。

2018年田野调查实录

习酒河谷，四面是山。

问J①，看山的境界。

J：山下看山，巍峨高大。山中看山，气象万千。山顶看山，茫茫苍苍。天空看山，小如泥丸。

D：在20世纪50年代，最开始生产的酒叫做回沙郎酒，这个地方叫二郎滩。之后，恢复生产，新厂为浓香的习水大曲。这是地名加上工艺，大曲酒。到80年代，酱香型酒研发生产出来之后，开始准备定名 —— 黄金液。后来向领导汇报，因为这时候习水酒厂还是县工商局在管，就说更名为

---

① 作者注：J/D/S/F为调研对象，W为作者；

"习酒"吧，习水比黄金坪的地名要大一点。① 这样形成习酒"一浓一酱"的情况。

W：产品命名是一个重要的标志性事件。习水地方酒厂很多，给了习酒以"习"字，其他厂生产的酒就不能叫"习酒"了。

D：习酒厂在20世纪80年代，就确定了一个目标，叫作"习酒创金牌，大曲上批量；管理现代化，获取高效益。"最先出场的酒是习酒，就像今天老习酒的样子，红色外壳，乳玻瓶；之后出现的是1992年的方瓶习酒；再后是窖藏系列。

产品创新，具有不同的内容和形式。在当时的市场，酱香酒的接受程度实际上比较低，浓香酒在整个市场的占有率比较高。用习酒厂原厂长陈星国的话说是"浓香是通俗唱法；酱香是美声唱法，是高雅艺术"。酱香酒好，但首先要解决市场问题。习酒从一出厂的时候定价就比习水大曲价格要高。在利用习酒的知名度的情况下，开创了浓香型的习酒，当时称为"习酒领创，液体黄金""黔派浓香代表"。实际上当时大家对品牌的认知，只限于产品本身，没有在酒

① 作者注：实际情况，习酒厂的酱香酒试制成功后，上报习水县商贸局，后由当时习水县委常委会讨论决定，参会人员的意见不一，最后时任县委书记的赵兴忠作决定：既然鸭溪窖酒让鸭溪出名，安酒让安顺出名，茅台酒让茅台出名，湄窖让湄潭出名，干脆，我们就搞一个"习酒"。会议决定，命名"习酒"。资料来源：源于亲历者（时任习水县委常委）口述。

的品类上、香型上进行区分，一般人没有浓香或是酱香的概念。

　　当时产品研发出来，是在原来的习酒产品上进行升级，还是另出一个品牌来进行价格提升？我们在酒厂内部进行了一个小规模的讨论。比如说，当时"朝阳桥"是一个知名的香烟品牌，但是价格比较低。我们问抽烟人的意见——是否愿意在"朝阳桥"的名字上更名为"朝阳大桥"再提价，还是在"朝阳桥"，这个产品上做升级、做包装，这个价格更容易接受，结果是更名为"朝阳大桥"来提价更恰当。当时双沟大曲在市场上的定位是一个低价的形象，后来开创了一个叫今世缘的品牌，这样价格就得到提升。习酒有习酒的优势，在酒体风味口感上进行调整，符合市场的口味需求。当时说——可口可乐都针对口味进行换配方，所以习酒也可以换配方。同时，形式上有了新的包装，形成了星级系列。整个VI系统，当时是找了北京一家文化传媒公司做的一个咨询，重新提出了一套习酒的VI系统，规范化了习酒的识别形象，整个习酒的品牌价值得到提升。茅台兼并习酒的很长时间里，出于对酱香酒的保护，习酒没有得到进行酱香酒生产和销售的允许。而实际在这之前，习酒已经在浓香酒市场上发力——实际上这个冲击力可能不如大家所说的那么大，当时为了弥补这一个品牌的缺失，茅台特别授权可以生产茅台液——当然，后来回收了这个商标。茅台兼并之后，习酒公司，很长一段时间不能销售酱香酒，实际上也是走了一条成功之路 —— 同时也是走了一条失败之路。因为在当时习酒的酱香市场为郎酒酱香所抢占。郎酒酱香在整个遵义销售了近上亿元。茅台看到即使习酒不做酱香，也会有别的酒商做酱香酒，会形成竞争，所以才又重新思考着一个政策。产品不对路，营销怎么也上不了。用我们当地一句俗话说 —— cou（帮助）猴子爬树，那是很容易的事情。在习酒改香型的同时，很多酒也在改香型。但好像成功的，很少。

当时习酒推出了星级陈酿的概念。在1988年的时候，可以看出茅台的产能是供不上的，发现酱香酒是一片"蓝海"。茅台同意习酒重新启动酱香酒生产。[1] 所以说，对于习酒来说，酱香有优势，浓香的文化最久远，历史最久远。最先开发是小坛酒，窖藏1988，是习酒陈酿的升华，还出了一款窖藏1995。用1988是因为这个数字在中国传统当中比较喜庆吉祥。另外，1988年是习酒获质量奖的年头[2]。1995这个概念是，往前推十年，即1985年就已经有酱香酒。小坛酒的价格是1992元，小坛酒的开发时间也是1992年。

---

[1]　资料来源：《茅台印 习酒痕》说法略有区别。

[2]　习酒1988年评为国家商业部优质产品，获金樽奖；首届中国食品博览会上获金奖；全国第五届名优白酒评比会上荣获银质奖。习水大曲1988年荣获国家商业部优质产品金奖；中国首届食品博览会金奖。

赤水河这个地方，要说酒出现的时间，最早当然是追溯到汉代。所以当时习酒推出一款酒叫作汉酱。汉酱在市场上有一定的占有率，但是在1997年茅台集团的1号文件当中①，把汉酱这个品牌收了回去。现在能看到的主体品牌是窖藏系列、金质系列和银质系列。

W：真正要出好酒，不仅依赖酿造程序、酿造工艺，还依靠企业的时间，企业的场地，部门的配合。一般的小企业，即使是知道这种制酒的程序，也做不到这样的工艺，因为没有这样的资本，没有这样的环境，没有这样的文化，没有这样时间的从容沉淀，酱酒酿造企业在后边会越大越强，愈小愈弱，很难再有新人进入这个门槛。

W：怎么看习酒君品文化和君子文化的关系？

W：习酒的企业愿景？

S：百亿习酒，百年习酒，百年福祉。②

W：习酒的企业使命？

S：塑习酒品牌，建和谐酒城，为国酒争光，担社会责任。③

---

① 《茅台印 习酒痕（习酒加入茅台二十周年征文作品集）》，2018年10月。贵州茅台酒厂习酒有限责任公司内部印刷。

② 2018年田野调查中的对话。2019年，企业愿景已经更改为：百年习酒，世界一流。

③ 2018年田野调查中的对话。2019年，企业使命已经更改为：弘扬君品文化 酿造生活之美。

W：对于树习酒品牌和建和谐酒城，这两个内容应该是达成共识，没有什么问题。但是在为国酒争光这个事情上，可能会有一些不同的声音。这可能是一个非常具有风险的一个文化问题。文化讲求秩序。现在我们能看到一个现象，茅台集团领导经常和我们最大的竞合对手——郎酒，站在一个平台上对话，同时还有汾酒、泸州老窖、五粮液，郎酒也抓住了这个联系，经常表述成与茅台酒是"称兄道弟""情同姐妹"。在这样的对话层面，习酒的位置或比较尴尬，影响公众对习酒的认知。同时，"国酒茅台"更名为"贵州茅台"，这意味着"为国酒茅台争光"这个提法需要做相应调整。"为国酒争光"，是有其积极的历史意义的，但是需要处理好和茅台的文化关系，我们需要抓住一个契机——如果不能把握，这将对习酒未来发展带来非常大的风险。一个企业，产品输出和文化输出是核心内容，习酒的产品质量会越来越好；从企业文化而言，需要避免企业文化中的战略漏洞。

W：如何看习酒君品文化传播的力量？

C：一是如何培养和打造好习酒君品文化生态圈，避免君品文化传播中的原生动力不足问题；努力形成多点、互动、规模和节奏适度发展的好局面。二是在空间上，既在企业内做文章，又在企业外下工夫。三是在时间上，既在传统文化上找到高度契合的结合点、找亮点；又要在能响应君品文化的现代影响力人物和事件上抢先机；在主体上，既由习酒人自己推动君品文化传播，又组织和号召更多认同君品文化的其他人士来共同传播。

W：如何看习酒品牌？

C：品牌关乎企业志向，与个人相似，没有志向，难有事业，没有担当，难能伟大。